Great Britain

김영 교수의
영국 문화기행

영국 산책,
낮선 곳에서
한국을 만나다

Great Britain

김영 교수의
영국 문화기행

청아출판사

필자는 2008년 7월부터 1년간 런던 대학 한국학연구소에 방문학자로 체류한 후 프랑스, 스페인, 그리스를 둘러보고 2009년 8월에 귀국했다. 이전에도 영국을 몇 번 방문하여 런던 시내와 스트랫퍼드의 셰익스피어 생가를 둘러본 적이 있었지만 주마간산 격이어서 아쉬움이 많이 남아 있었다. 그래서 이번에 맞이한 연구년 한 해 동안에는 런던 대학을 중심으로 연구생활을 하면서도 시간 나는 대로 영국의 자연과 문화를 좀 더 깊이 살펴보리라 마음먹었다.

이번에 영국에 가 보니 세계 문화의 중심지 가운데 하나인 런던은 오랜 문화전통을 유지하면서도 격심한 변화를 겪고 있었고, 한국의 국제적 위상이 커짐에 따라 한국학에 대한 관심은 증대되고 있었다. 필자는 한문학을 공부하는 사람으로서 런던 대학에서 한국 미술사를 청강하고 한문 강의를 하면서 영국에서의 한국학 교육 현장과 연구 동향을 유심히 살펴보려고 하였다. 그리고 강의가 없는 날에는 런던 시내의 박물관과 미술관, 공연장과 앤티크 마켓 등을 둘러보고, 내셔널 트러스트National Trust에 회원으로 가입하여 영국의 자연 문화유산이 남아 있는 명소들을 찾아갔다. 이렇게 런던을 중심으로 영국을 살펴보면서도 도버 해협을 건너 프랑스를 두 차례 돌아볼 기회도 가졌다.

이러한 1년간의 영국 체험을 담은 견문기는 원래 필자의 홈페이지인 자락서당(www.zarakseodang.com)에 '런던 통신'이란 제목으로 연재되었다. 처음에는 지인들에게 런던 소식이나 전하자는 생각에서 글과 사진을 함께 올렸는데, 연재가 계속되어 글이 좀 쌓이자 이것을 책으로 한번 묶어보는 것이 어떻겠느냐는 제의가 있었다. 이 견문기는 영국 전문가나 오랫동안 체류한 분들에 비하면 깊이가 부족할 것이다. 하지만 한국학자의 시선으로 바라본 영국 보고서도 한 권쯤 필요하지 않을까 하는 생각에서 출간할 용기를 내게 되었다.

원래 이 글들은 시간의 순서에 따라 기록된 것이지만 독자들의 편의를 위해서 60편의 글들을 8개의 주제로 재구성하였고, 최근 영국에서의 한국학 교육과 연구 동향을 좀 더 구체적으로 소개하기 위하여 '영국의 한국학 현황과 과제' 한 편을 새로 작

성해 실었다.

예전에는 필자같이 한국문학을 공부하는 사람이 영국 대학에 1년간 방문학자로 머문다는 것은 상상하기 어려웠다. 글로벌 시대를 맞아 국제적 교류와 학문 간의 소통이 활발해지고 한국의 국력이 신장됨에 따라 한국학의 위상도 높아져, 한국학자의 해외 방문연구도 가능해지게 된 것이다. 그런 의미에서 필자는 이러한 것이 가능하게 된 우리 사회와 기회를 준 모든 분들께 깊이 감사드리지 않을 수 없다.

먼저 나를 런던 대학 소아스 한국학연구소에 초청해 주신 후덕한 연재훈 선생님께 깊은 감사를 드린다. 런던에서 편안하게 체류할 수 있도록 체싱턴의 집을 빌려 주신 칼손 선생님 내외분, 재미난 한국 미술사를 청강할 수 있게 해 주신 샬럿 홀릭 선생님, 멋진 영어 실력으로 나의 어설픈 세미나 발표를 도와주신 그레이스 고 선생님, 케임브리지 대학에 두 번이나 초청해 주신 마이클 신 선생님, 영국 생활 초기에 많은 도움을 주고 착한 가격에 차까지 넘겨 주신 장효현 선생님, 그리고 같은 시기에 런

던 대학에서 함께 지낸 방문학자 분들과 나의 한문 강의를 수강한 대학원생들과 학인들께도 두루 감사를 드린다.

끝으로 이 글의 초고를 자락서당에 연재하는 동안 끊임없는 격려와 성원을 보내 주신 윤병언 선생님과 곽난희 원장을 비롯한 여러 동학들께도 깊이 감사를 드린다. 가난한 대학 시절에는 책을 마음껏 볼 수 있도록 배려해 주시더니 이제는 이런 부족한 글까지 거두어 주신 청아출판사 이상용 사장님의 은혜를 마음에 새기고, 책을 편집하는 과정에서 유익한 조언과 수고를 아끼지 않은 편집부 분들께 고마운 마음을 전한다.

보잘 것 없는 이 책이 런던의 비싼 물가와 으슬으슬한 날씨에도 불구하고 늘 활기찬 집안 분위기를 조성하면서 글과 관련된 대부분의 사진을 찍어 준 아내 은숙에게 약간의 위로와 기쁨이 되었으면 한다.

2010년 새 봄을 맞으며, 김 영

01

전통과 변화의
갈림길에 선 런던

02

런던의 문화예술과
프리미어 리그

03

영국에서 한국학을
한다는 것

04

영국 대학의 안과 밖

05

영국의 문화유적지를
찾아서

06

영국의 공원과 자연유산

런던에서 만난 사람들

파리와
프랑스 남부 지방 여행

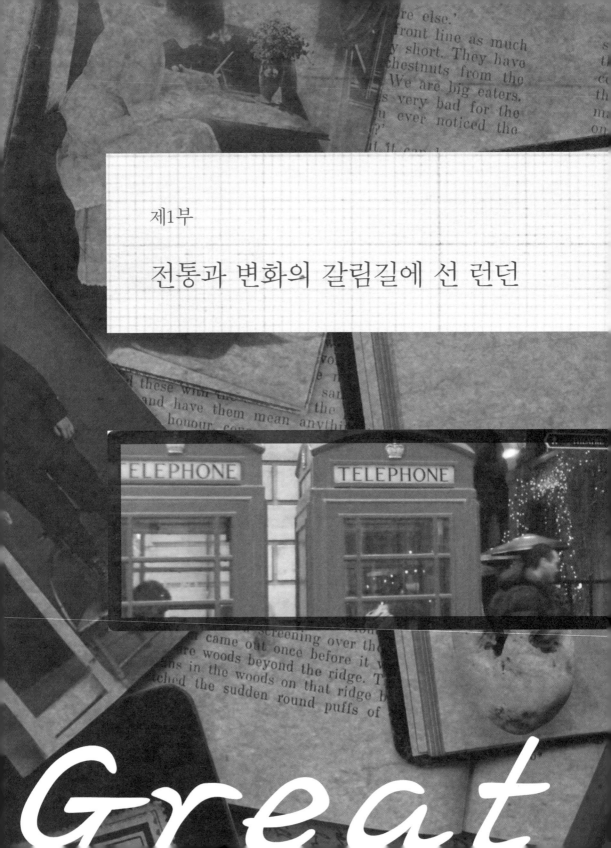

제1부

전통과 변화의 갈림길에 선 런던

e sky above a broken
soft puffs with a yell
saw the flash th
all dist

ROCK
GORDON

TICKETS
SOLD HERE

hire
venues

ere the
a bombardm
uns were fi

ritain

#1. 영구의 주택과
잔디공원

런던의 여름 날씨는 최고 기온이 25도를 넘지 않아 우리나라의 초가을 처럼 선선하다. 그렇지만 해양성 기후라 해가 쨍쨍 나다가도 금방 흐려져 비가 오기도 하고, 갑자기 바람이 휘몰아치는 등 변덕이 심하다. 런던 사람들은 여름이라고 짧은 옷을 입고 다니지만 따뜻한 온돌에 익숙한 우리 가족은 긴 소매 옷을 입거나 스웨터를 걸치고 지냈다.

우리가 살았던 집은 런던 대학 소아스(SOAS, School of Oriental and African Studies) 한국학연구소에서 한국사를 담당하는 안데쉬 칼손 교수 댁으로 런던의 남서부 외곽 체싱턴 지역에 있는, 정원이 딸린 2층 하우스이다. 한국 교포들이 많이 사는 뉴멀든 지역보다 아래에 있지만, 비교적 치안 상태가 좋고 조용하며 잔디 공원이 많은 곳이라 공부하는 사람이 살기에 적당하다. 마침 칼손 교수가 서울대학교에 1년간 객원교수로 초빙되어, 우리 가족이 그분 댁에 살게 되었다. 덕분에 이국땅에 와서 새로 집을 구하거나 살림살이를 따로 장만하는 번거로움을 덜었다. 물정을 모르는 낯선 곳에서 스스로 집을 구해 계약하고 살림살이를 장만하는 것이 얼마나 힘든 일인가. 그 모든 절차를 생략하고 살던 집을 그대로 넘겨받았으니 행운이라고 할 수밖에 없다. 더구나 칼손 교수님의 사모님이 집 뒤 정원에 장독대를 놓고

살던 한국 사람이라 집안을 새로 한국식으로 바꿀 필요도 없었다.

　그러나 영국은 서두르는 법이 없는 점잖은 나라라 모든 것이 느렸고, 처음에는 불편한 점이 없지 않았다. 전화, TV, 인터넷 등의 사용자 명의를 변경하고 새로 설치하는 데 무려 열흘이 걸렸다. 본의 아니게 10여 일 동안 전화 불통, 인터넷 단절, TV 시청 불가능의 '현대문명 금단현상'을 겪은 것이다. 약간 답답하고 불안했지만 정말 오랜만에 한가하고 조용한 시간을 보냈다. 그리고 그동안 우리가 한국의 '빨리빨리' 문화와 편리하지만 꼭 필요하지도 않은 전자문명에 얼마나 깊숙이 젖어 있었는지를 확인하는 계기도 되었다.

영국의 주택은 우리가 사는 집처럼 정원이 딸린 1~2층의 하우스가 일반적이다. 하지만 도시에는 우리나라의 아파트 같은 3~5층의 플랫도 꽤 많이 있다. 개인주택이든 공동주택이든 정원과 잔디밭이 있어, 영국 생활에서는 정원의 꽃을 가꾸고 잔디를 깎는 일이 큰일 중 하나다. 내가 한국에 있을 때도 일요일은 집안 청소부였는데, 이곳 영국에서는 청소부에다 정원사 역할까지 한 것이다.

아파트와 콘크리트 건물로 도배된 서울과 인천을 떠나 곳곳에 공원과 잔디구장이 있고 잿빛 다람쥐와 여우까지 수시로 출몰하는 런던 주택가를 산책하다 보면 인간과 자연이 서로 어울리며 공생한다는 느낌이 저절로 든다.

나는 걷기를 좋아하여 한국에서와 마찬가지로 아침저녁으로 집 주변의 길과 넓은 잔디밭을 산책하는 즐거움을 만끽했다. 꽃과 나무를 심어놓은 정원 앞을 지나 잘 다듬어진 넓은 잔디밭을 산책하면서 오랜만에 상쾌한 공기를 마시고 정신적 여유를 누렸고, 한국의 삭막하고 답답한 아스팔트 길이 떠올라 솔직히 부러운 마음이 자주 들곤 했다.

언제쯤 우리는 '4대강 개발 프로젝트' 같은 개발만능주의 발상을 버리고, 사람과 자연이 공존하는 주거 환경과 아이들이 마음껏 뛰놀 수 있는 숲과 공원이 있는 친환경적인 나라를 가꿀 수 있을까?

나는 걷기를 좋아하여 한국에서와 마찬가지로 아침저녁으로 집 주변의 길과 넓은 잔디밭을 산책하는 즐거움을 만끽했다.

꽃과 나무를 심어놓은 정원 앞을 지나 잘 다듬어진 넓은 잔디밭을 산책했다. 오랜만에 상쾌한 공기를 마시고 정신적 여유를 누리면서, 한국의 삭막하고 답답한 아스팔트 길이 떠올라 솔직히 부러운 마음이 들곤 했다.

런던의 시내버스는 모두 빨간색이다. 우체통도 빨간색이고, 자동차도 빨간 색깔이 많다. 영국 국기에도 빨간색이 들어가 있는 것을 보면 확실히 영국 사람들은 빨간색을 좋아하는 것 같다.

아무튼 런던 시내를 달리는 이층 빨강 버스는 빨강 우체통과 함께 런던의 명물로 기념품과 아이들 장난감에도 자주 등장한다. 런던은 지하철이 발달되어 있어 그런지 기존의 도로를 넓히거나 녹지 공간을 줄이는 법이 없다. 대신 점점 늘어나는 런더너Londoner와 여행객을 위해 이층 버스를 만들어 많은 사람을 태우고 승객들이 버스 위층에서 시내를 관광할 수 있도록 했는데 좋은 반응을 얻고 있다고 한다.

물론 런던에 이층 버스만 있는 것은 아니다. 복잡한 시내나 관광지에서는 주로 이층 버스들이 운행되지만, 중심가를 벗어난 지선도로나 주택가에서는 우리나라와 마찬가지로 단층 버스들이 운행된다.

나도 런던 대학University of London에 갈 때는 집 부근의 체싱턴 놀스 역에서 기차를 30분 타고 워털루 역까지 가서 68, 168, 188번의 이층 버스를 타고 학교에 가지만, 부근의 킹스턴이나 서비턴에 나갈 때는 K2번 단층 버스를 즐겨 탄다. 이층 버스를 탈 때는 가능하면 맨 앞자리에 앉아 시가지의 유

런던의 빨강 버스

서 깊은 건축물들과 특이한 상점, 그리고 여러 인종이 뒤섞여 걸어
가는 국제도시의 일상과 관광객들의 모습을 호기심을 가지고 눈여겨본다.
그렇지만 집 부근에서 장을 보러 나갈 때에는 골목골목을 누비고 다니는
K2번 버스를 타고 느긋하게 동네 풍경을 구경한다.

　외국인 장기거주자의 결핵 감염 여부 진단 검사(샘플 검사를 하는데 우리 집에서 나만
뽑혔다)를 하러 킹스턴 병원에 갔다가 돌아오는 길에는 K2번 버스를 탔다.
여느 때와 같이 유모차를 끄는 아기 엄마들과 할아버지, 할머니들이 천천
히 버스를 타고 내렸다. 런던 버스들은 오르는 계단이 없고 유모차나 장애
인의 전동차가 쉽게 타고 내릴 수 있게 문턱을 낮춰 설계되어 있다. 그뿐

만 아니라 버스 운전사가 노약자를 섬세하게 배려하는 태도가 몸에 밴 것 같았다.

그날 버스에서 흥미로운 광경을 목격했다. 한 할머니가 버스를 타자마자 걷지 못하더니 잠시 후 그 자리에 주저앉는 돌발 상황이 발생한 것이다. 그러자 버스 운전사는 차를 멈추고 휴대전화로 응급차를 부르며 승객들에게 다음 차를 타라고 안내했다. 나는 다음 버스를 기다리며 상황을 유심히 지켜보았다. 차 안에서는 옆자리에 있던 사람들이 할머니를 정성껏 보살피고, 버스 운전사는 부근 상점에서 생수를 사와 쓰러진 할머니에게 권하는 것이 아닌가.

쓰러진 할머니를 아랑곳하지 않고 상점에 뛰어들어가 생수를 사 먹는다고 잠시나마 버스 운전사를 의심했던 내가 얼마나 부끄러웠던지. 그리고 불평은커녕 주저앉은 할머니를 정성으로 보살피던 런더너들이 얼마나 품위 있어 보이던지. 이런 일을 겪고 나니 런던의 명물은 빨강 버스만이 아니라 친절이 몸에 밴 버스 운전사와 타인을 따뜻하게 배려할 줄 아는 런더너라는 생각이 들었다.

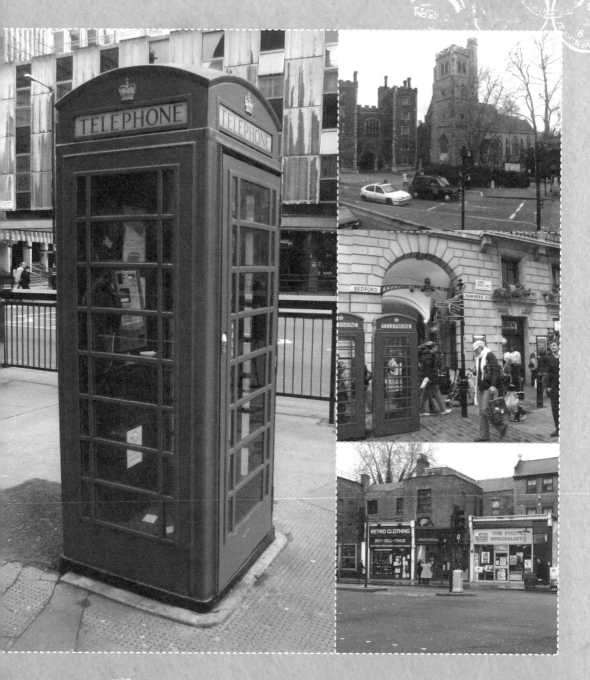

런던의 시내버스는 모두 빨간색이다. 우체통도 빨간색이고, 자동차도 빨간 색깔이 많다. 영국 국기에도 빨간색이 들어가 있는 것을 보면 확실히 영국 사람들은 빨간색을 좋아하는 것 같다.

나도 런던 대학에 갈 때는 집 부근의 체싱턴 놀스 역에서 기차를 30분 타고 워털루 역까지 가서 68, 168, 188번

이층 버스를 타고 학교에 가지만, 부근의 킹스턴이나 서비턴에 나갈 때는 K2번 단층 버스를 즐겨 탄다.

#3. 건강을 책임지는
    나라

온 가족이 외국에 장기간 체류하는 경우 준비해야 할 일은 생각보다 많다. 초청장을 받는 일부터 살던 집 처리, 현지 주택 마련, 살림살이 운송, 현지에서의 먹을거리 해결, 기온과 환경에 맞는 옷과 신발 준비, 비자 신청, 비행기 표 구입, 외국어 공부, 환전과 송금, 비상약 준비, 의료보험 가입 등 번다한 일이 한두 가지가 아니다.

그 가운데 가장 큰 걱정거리는 타지에서 가족이 병이 나면 어쩌나 하는 것이다. 그래서 영국에 가기 전 의료보험은 당연히 들고 가야겠다고 단단히 마음먹었다. 몇 년 전 미국에 연구년을 다녀온 어떤 선배 교수에게 경험담을 들었기 때문이다. 아들이 운동을 하다 팔이 부러졌는데 보험에 들지 않아 치료하는 데 엄청난 돈을 지출했다는 것이다.

그래서 영국에서 공부하고 온 영문과 박혜영 선생에게 보험 문제를 알아보았다. 그 결과 영국에서는 보험이 필요 없으며, 동네 병원에 신고만 하면 된다는 반가운 소식을 들을 수 있었다. 나는 한결 편한 마음으로 런던으로 출발했다.

도착하자마자 런던 대학 도서관 출입용 신분증 발급을 비롯하여 은행계좌 개설, 주민세와 TV 시청료 납부, 전기, 수도, 가스, 전화, 인터넷, TV

등의 사용자 명의를 변경하느라고 약 한 달을 정신없이 지내고 나
서야 비로소 동네 병원인 메리트 메디컬 센터Merritt Medical Centre에 가서
GP(General Practitioner, 우리나라의 가정의와 비슷하다)를 만나 문진을 하고 검진도 했다.

　그런데 나는 히드로 공항에서 찍은 엑스레이 검진에 의심나는 점이 있
다고 해서 킹스턴 병원에서 재촬영을 했는데, 이 건강 검진에서도 소변 검
사 결과 당뇨 의심 판정이 나 또다시 피 검사를 했다. 하여튼 영국은 나의
건강 문제에 지나치게 관심이 많은 것 같다. 이제 겨우 생활이 안정됐다고
생각하던 차에 병원에 몇 번 왔다갔다하니 매우 귀찮았다. 그러나 곰곰이
생각해 보니 자국민의 건강뿐만 아니라 자기 나라를 방문한 사람들의 건
강 상태까지 꼼꼼하게 챙기는 영국의 의료복지 시스템이 신기하기도 하고
반갑기도 했다.

과거 대처 전 수상이 '영국병'을 치료하자면서 국민이 무료로 진료받을 수 있는 국가건강 서비스(NHS, National Health Service) 제도를 없애려다가 국민의 저항에 부딪혔다. 그래서 치아 교정과 안경 구입 같은 것만 개인이 부담하도록 바꾸고, 의료 서비스 제도 자체는 건드리지 못했다고 한다. 영국도 전 세계적으로 부는 신자유주의라는 광풍에서 벗어나 있는 것은 아니지만, 그래도 '요람에서 무덤까지' 국가가 책임을 지는 전통을 가진 영국의 국가건강 서비스 제도는 60년간 국민의 절대적 지지를 받으며 정부에 의해 굳건히 유지되고 있다.

　　영국에 오기 얼마 전에 마이클 무어 감독의 다큐멘터리 영화 〈식코Sicko〉를 통해 의료를 민영화한 '소위 최고 선진국' 미국의 비참한 의료 실상을 보았다. 때문에 영국 병원을 체험한 것은 국민의 반대에도 광우병 의심 소를 수입하고, 바른 소리 하는 방송국을 자기의 손아귀에 넣으려고 하는 동쪽 나라의 어떤 지도자가 무모하게도 의료민영화까지 시도하려는 것은 아닐까 하는 두려운 생각을 불러일으켰다.

#4. 빌리지
슈퍼마켓

10여 년을 목동 아파트에서 살다가, 서재를 하나 갖고 싶다는 숙원을 이루기 위해 오목교 옆 단독 연립주택으로 이사 온 지 8년이 되었다. 남들은 투자가치가 있는 목동 아파트에 살지 않고 왜 집값이 오르지 않는 연립주택으로 옮기느냐고 의아해했지만, 나는 나름의 장점이 적지 않다고 자부한다. 우선 교통이 편리하다. 내가 매일 출퇴근할 때 이용하는 인하대 통근버스가 오목교역에 서고, 5분 거리에 지하철역이 있어 아이들이 학교에 가거나 나들이하는 데 부담이 없다. 또 집에서 안양천 고수부지까지 쉽게 갈 수 있는 연결통로가 가까이 있다. 어스름한 저녁나절 안사람과 산책을 하거나, 벚꽃 피는 봄이나 코스모스 피는 가을에는 자전거를 타고 한강을 따라 올라가 여의도까지 페달을 밟으며 강바람을 가르는 즐거움을 누릴 수 있다. 그리고 무엇보다 우리 동네는 좀 복잡하지만 재래시장이 아직 남아 있고, 골목에는 조그만 가게들이 있어 사람 냄새가 난다.

아내가 없을 때 식사를 해결하는 무지개분식(이 집의 별미는 가정식 백반에 따라 나오는 상큼한 파무침이다)의 착하게 생긴 자매 아주머니, 어디 놀러가거나 자락서당 모임을 할 때 요긴하게 이용하는 종로김밥의 모던한 아주머니, 안양천에 운동하러 나가기 전에 꼭 한번 들르는 명동칼국수(나는 이 집의 샤브샤브 칼국수 맛에

반해 자진해서 영업상무가 되었다)의 멋있는 젊은 부부, 그리고 비 오는 날이나 눈 오는 날을 가리지 않고 매일(단 목동 성당 앞에 전을 펴는 일요일은 제외) 트럭에서 한 봉지에 2,000원 하는 뻥튀기를 파는 선한 눈빛의 할아버지, 그리고 우리가 영국에 올 때 제주바당에서 회를 사주며 건강하게 다녀오라고 하신 이웃집 사람들, 이들은 '백 냥을 주고 집을 사고, 천 냥을 주고 이웃을 산다'라는 속담처럼 정말 인정 많고 고마운 이웃들이다.

런던에 온 지 두 달 반. 나는 매일 아침 우리가 사는 동네 주변을 한 시간 정도 크게 한 바퀴 돌고 있다. 예쁘게 가꾼 정원이 딸려 있는 주택가를 따라 20분쯤 걸으면 큰 참나무 옆에 우리 가족의 건강기록부가 등록된 메리트 메디컬 센터가 나오고, 왼쪽으로 돌아 걸으면 체싱턴 커뮤니티 칼리지Chessington Community College와 체싱턴 사우스 역이 있다. 거기서 낮은 언덕길을 따라 10여 분 올라가면 세인트 메리 교회와 축구장 서너 개 정도 크기의 잔디밭이 펼쳐져 있는 처치 필드가 있는데, 여기서 간단한 체조를 한다. 우리 식구들도 주말에 가끔 이곳에 나와 축구공 놀이를 한다. 거기서 집으로 돌아오는 길에 바우처(Voucher, 정부가 특정 수혜자에게 교육, 주택, 의료 등의 복지 서비스 구매에 대한 직접 비용을 보조하기 위해 지불을 보증한 전표)로 〈타임스The Times〉지를 사고 체싱턴 놀스 역 앞에 가서 〈메트로〉 신문을 하나 집어 든다. 그리고는 우리가 식료품을 살 때 자주 이용하는 영국의 대표적인 대형 식품유통업체 지점인 세인즈버리 로컬Sainsbury's Rocal 앞을 지나, 기차역 굴다리를 통과해서 오른쪽으로 완만한 언덕길을 따라 집으로 돌아온다.

아침 6시 반에 시작하는 산책길이 이제 제법 익숙해져서 늘 만나는 사람도 생기고 눈에 띄는 사람도 있다. 자전거를 타고 아침 신문을 배달하는

소년, 툭 터진 짐칸에 우유병을 싣고 와서 문 앞에 놓아두는
허리가 구부정한 할아버지, 6시 42분 워털루 행 첫 기차를 타
기 위해 빠르게 걸어가는 말쑥한 양복의 신사, 한 손에 애완견 분뇨처리용
비닐봉지를 들고 개 운동을 시키러 나온 뚱뚱한 아주머니, 머리에 히잡을
쓰고 아침 일찍 일하러 나가는 인도계 아가씨, 형광색 작업 조끼를 입고
큰 가방을 옆에 내려놓은 채 버스를 기다리는 아저씨, 빨간 바탕에 '로열
메일Royal Mail' 이란 노란 글씨가 쓰인 차를 몰고 가는 우편배달부, '삼성 서
비스' 라는 파란색 로고가 선명한 특장차에 시동을 거는 기사 복장의 엔지
니어, 학교가 멀리 있는지 교복을 단정히 입고 이른 아침에 엄마 손을 잡

고 집을 나서는 아이, 이어폰을 귀에 꽂고 배낭을 어깨에 걸친 채 빠르게 걷는 대학생……. 이들이 내가 아침에 만나는 런더너들이다.

그런데 이렇게 바쁘고 속도감 있는 아침 풍경과는 달리 우리 동네의 저녁 모습은 한결 여유롭다. 퇴근길에 세인즈버리 로컬에 들러 꽃과 신문, 식료품과 와인을 사기도 하고, 피시 앤드 칩스Fish & Chips 가게나 케밥 가게에서 저녁거리를 사거나, 가족이나 친구들끼리 동네 펍Pub인 '체싱턴 오크'에 들러 맥주를 마시고 식사를 한다. 오늘은 일찍 저녁을 먹고 우리 동네 주변을 거닐다가 '빌리지 슈퍼마켓Village Supermarket'을 발견했다. 대형 슈퍼마켓인 세인즈버리와 테스코가 영국의 유통업계를 휩쓰는 상황에서 우리나라의 구멍가게 같은 분위기의 동네 슈퍼마켓이 아직도 살아남아 있다는 것이 반갑고 신기했다. 이 가게에서는 과일, 채소, 와인, 비디오, 잡지와 신문을 비롯한 잡화를 팔고 있었다.

역시 작은 것이 아름답다는 말처럼 학교도 작은 것이 인간적이고, 길도 골목길이 재미있고, 상점도 대형 슈퍼마켓보다는 빌리지 슈퍼마켓 같이 작은 가게가 정겨운 것이 아닐까.

얼마 전 세계적인 금융 위기 속에 우리나라에서 제일 잘 나간다는 삼성 전자가 적자를 기록했고 올해 경기 침체와 대량 실직 사태가 심화될 것이 라는 우울한 소식을 들었다. 영국 경제도 요즘 말이 아니다. 제철소의 파 산과 유통업계의 매출 감소, 실직자 증가, 은행에 이어 자동차 회사에 대 한 구제금융 지원 문제 등이 이곳 신문과 방송의 단골 뉴스다. 지난 주말 〈타임스〉는 지금 겪고 있는 영국 경제 위기의 책임이 1차적으로 은행과 증권사, 금융정책을 담당하는 관리에게 있다고 지적했다. 마치 죄수 사진 처럼 은행장과 증권사 사장, 경제부처 장관들의 얼굴 아래에 수감번호 대 신 직함을 명시한 사진을 대문짝만 하게 게재하고, 그들이 저지른 잘못을 두 면에 걸쳐서 보도했다. 그리고 지면 가운데 국민의 막대한 혈세를 퍼부 으면서도 이 금융 위기를 빨리 수습하지 못하는 고든 브라운 총리의 손발 을 쇠사슬로 묶어 놓은 합성사진을 배치했다.

작년 미국발 금융 위기가 세계로 퍼지면서 금융과 관광, 교육과 문화산 업으로 유지해오던 영국 경제는 심각한 상황에 빠졌다. 금융업에 대한 의 존도가 매우 높은 영국은 미국과 마찬가지로 실물경제가 뒷받침되지 않은 과열된 증시와 폭등한 부동산 거품이 썰물처럼 빠지자 주 산업인 금융업이 부실의 늪에 빠졌고, 금융업계 종사자들은 실직 위기에 내몰렸다. 그동안 증권사와 은행들은 온갖 금융 파생상품을 개발하여 단기간에 고수익을 보장한다고 광고하면서 소비자들을 허황한 돈놀이에 빠지게 했고, 소수 투기자본가와 펀드 매니저들은 엄청난 수익과 보너스를 챙겼다. 하지만 은행이 부실투성이임이 드러나고 파운드의 가치가 폭락하는 상황에서도 아무런 죄책감이나 반성도 없이 뻔뻔스럽게 정부와 국민에게 구제금융을 요청하고 있다. 그런 면에서 그들을 도덕 불감증 환자라고도 할 수 있지만, 많은 사람을 고통스럽게 만들었다는 면에서 〈타임스〉의 표현대로 '이 시대의 죄인'이라고 불러 마땅하다.

원래 금융업이란 자기가 땀 흘려 일하지 않고 밑천을 가지고 돈을 버는 고리대금업의 성격을 띠는 것이어서, 성경이나 문학작품에서는 가만히 앉아 놀면서 이자를 받아먹는 이들을 왕왕 수전노로 묘사하곤 했다. 초기 산업자본주의 시대에는 기업가의 노력과 노동자의 땀이 존중받았다. 그러나 후기 산업 사회로 갈수록 고도로 발달한 기술과 자본이 힘을 발휘하면서 인간이 점점 소외되기 시작했다. 그러다가 금융자본주의로 접어들어 돈 놓고 돈 버는 시대가 되면서, 컴퓨터 자판을 두드리는 것으로 국경을 넘나들며 투기를 일삼고 일확천금을 노리는 국제 금융자본가들이 활개를 치는 세상이 되었다. 그들은 돈이 되는 것이라면 식량이든 석유든 철강이든 가리지 않고 투기하고, 해당 국가나 기업의 경제 사정은 아랑곳하지 않고 자기들의 배타적 이익만 챙기고 떠나는 이른바 '치고 빠지는' 짓을 서슴없이 저질러 왔다.

시민발전 대표를 맡은 박승옥 선생은 이러한 금융자본주의를 '자본주

왼쪽 건물이 1694년에 세워진 영국 은행이며, 그 안에는 영국 은행박물관이 있다. 오른쪽 건물은 옛날 증권거래소 건물인데, 지금은 소위 명품만을 파는 가게들이 들어서 있다. 손가락으로 가리킨 방향의 앞 건물이 현재 영국 증권거래소이며, 뒤의 건물은 낫 웨스트 은행 본사이다.

의의 가장 악취 나는 진화'라고까지 말한 바 있다. 이제 세계를 경제 위기에 몰아넣고 있는 금융자본주의가 막다른 골목에 다다른 것만은 분명해 보인다. 문학을 전공하고 고전을 읽는 나 같은 사람이 이런 문제에 관심을 두지 않을 수 없는 것은 지금의 위기에서 우리의 생존은 가능할 것인가, 인간 욕망의 끝은 어디인가 하는 근본적인 문제와 관련이 있기 때문이다. 문학이 품위 있는 정신과 아름다운 형식의 수준 높은 성취를 추구하고, 고전을 읽는 것이 오늘날의 문제를 해결하기 위해 지혜를 구하기 위한 것이라고 한다면, 나 같은 고전문학 연구자도 결코 지금의 현실을 외면할 수 없다. "이런 위기의 시대에 무사태평하게 소설만 쓰고 있을 수 없다."라고 한 인도 작가 아룬다티 로이와 "문학이 삶이 아니라면 역겨울 뿐이다."라고 한 소설가 최성각의 말에 전적으로 공감한다.

이것이 고전문학을 공부하는 내가 런던에 머물면서 굳이 영국 은행The Bank of England과 증권거래소, 로이드Lloyd와 바클레이Barclays, HSBC와 낫 웨스트Nat West가 모여 있는 런던 금융가를 찾아가 돈 냄새로 악취를 풍기는 그들을 향해 손가락질한 까닭이다.

자본주의의 원조인 영국의 경제가 말이 아닌 것을 수치로 잠깐 살펴보자. 영국의 은행들이 진 빚이 무려 3조 파운드(영국 국민총생산의 2배)에 달하고, 파운드화의 가치는 지난 1년간 30퍼센트나 하락했다. 실업자 수는 작년 말에 200만 명에 이르렀고, 올 1월에도 금융 제조업체를 중심으로 매일 감원을 시행해 연말에는 대략 300만여 명에 육박할 것으로 우려된다. 고든 브라운 총리는 영국의 은행을 살리기 위해 지난해 10월 370억 파운드의 구제금융을 투입했지만, 금융시장이 안정되지 않자 추가로 2,000억 파운드의 구제금융을 제공하겠다고 밝혔다. 이에 보수당 당수인 카메론은 이런 무책임한 정책을 계속하다가는 아이슬란드처럼 국가파산에 이를 것이라고 경고하고 나섰다.

이런 와중에 미국 월가의 보너스 살포 소식에 이어 런던의 금융가에도 보너스 광풍이 몰아치고 있다. 이번 금융 위기로 거의 파산 지경에 이르렀던 스코틀랜드 왕립은행Royal Bank of Scotland, 로이드, 바클레이 은행들이 아직도 정신을 못 차리고 수백만 파운드에 달하는 보너스를 지급할 예정이라고 한다. 〈타임스〉는 근래 매일같이 1면 톱으로 바클레이 은행이 기본급 70만 파운드(약 14억 원)에다 40만 파운드(약 8억 원)의 보너스를 얹어 주려고 한다는 등 이들의 후안무치한 행태를 폭로하고 있다.

나만 도덕 불감증에 걸린 영국의 은행들을 향해 손가락질을 하는 것이 아니라, 경기 침체와 실직 등으로 고통받고 있는 영국 국민도 자신들이 낸 혈세로 구제금융을 받으면서 이런 파렴치한 보너스 잔치를 벌이는 금융인들 때문에 많이 '열 받고' 있는 것 같다.

사회학자 허버트 스펜서Herbert Spencer는 인간은 죽음을 두려워해 종교를 만들었고 삶을 두려워해 사회를 만들었다고 했다. 즉 우리 인간은 원시시대부터 자연재해와 온갖 시련을 이겨내기 위해 공동체를 만들어 삶을 영위해 왔다. 인간은 코끼리처럼 힘이 세지도 사자처럼 용맹스럽지도 않다. 하지만 도구를 만들어 사용할 줄 알고 서로의 힘을 모을 줄 아는 지혜를 가지고 있어 함께 먹고 마시고 춤추고 노래하는 공동체 문화를 형성해 왔다. 시대와 나라에 따라 공동체의 모습과 특성은 조금씩 다르겠지만, 사람이 사는 곳이라면 사람들이 함께 모이는 장소는 어디나 있게 마련이다.

우리나라 시골에 마을회관이 있고 도시에 구민회관과 문화원이 있듯이, 런던의 남동쪽에 위치한 이곳 체싱턴 지역에는 체싱턴 커뮤니티 칼리지, 후크 도서관Hook Library, 킹스 센터King's Centre가 들어서 있다.

체싱턴 사우스 역 부근에 있는 체싱턴 커뮤니티 칼리지는 지역주민의 직업훈련을 담당하는 곳으로 제법 큰 실내체육관까지 갖추고 있다. 영국 사람들은 대학 진학률이 30~40퍼센트밖에 되지 않을 정도로 공부에 취미가 없으면 굳이 시간과 돈이 드는 대학에 가지 않는다. 대신 이런 곳에서 건축, 토목, 운전, 정원 관리, 의상 및 헤어 디자인, 요리 등과 같은 직업훈련을 받아 사회로 나간다고 한다. 그래도 학벌 때문에 차별받는 일이 없으며, 자기가 꾸준히 노력하면 그 분야의 정상에 오를 수 있다고 한다. 이곳은 이렇게 직업훈련을 시키는 곳이기도 하면서, 낮에는 인근 학교의 학생들이 체육 수업을 하고 새벽이나 저녁에는 주민들이 배드민턴, 탁구, 배구, 농구, 수영 등을 즐기는 활용도가 높은 곳이다.

후크 도서관은 테스코 버겐스 같은 마트와 HSBC 낫 웨스트 같은 은행, 우체국과 복덕방, 세탁소와 꽃가게, 베이커리와 피시 앤드 칩스 등의 상점가가 모여 있는 버스정류장 옆에 자리 잡고 있어서 사람들이 이용하기 편리하다. 우리 집에서도 10여 분 정도 걸으면 닿을 수 있는 거리에 있다. 이곳에는 교양서적과 여행책자, 신문과 잡지뿐만 아니라 비디오와 CD, 인터넷을 할 수 있는 컴퓨터까지 갖춰져 있고, 입구에는 차를 마실 수 있는 카페도 있어서 동네 사람들이 자연스럽게 만나 정담을 나눌 수 있게 해 놓았다. 후크 도서관 2층에도 후크 센터가 있어 지역주민을 위한 여러 가지 프로그램을 진행하는데, 아내는 목요일 오전에 있는 '외국인들의 영국 생활 적응 프로그램'에 참가하고 있다. 이 프로그램에서는 영국에 처음 온 외국인들이 시장 보는 법, 국민건강보험(NHS, National Health System)에 가입하는 방법, 병원 예약 및 응급 상황 시 대처 요령, 건강 관리와 식단 구성, 자녀교육 및 주거 문제 등에 대한 교육을 하는데 우리처럼 영국에 처음 온 외국 사람들에게 필요한 정보와 도움을 많이 제공한다.

내가 주중에 런던 시내 러셀 스퀘어 부근에 있는 소아스의 방문학자 연구실로 가거나 집에서 책을 읽는 동안, 아내는 이런 커뮤니티 센터의 프로그램에 부지런히 참석한다. 그중에서도 제일 자주 가는 곳은 킹스 센터다.

킹스 센터는 복음주의 교회Evangellical Church에서 운영하는 주민센터로 목요일 오후에 있는 '영어 성경공부' 프로그램과 금요일 오후에 있는 '아미고 클럽' 활동에 참여하고 있다. 안사람이 한나Hanna라는 영국 여성이 진행하는 영어 성경공부 모임에 참여하는 것은 성경공부보다 '영어회화' 시간을 갖기 위함인 것 같고, 금요일 오후에 있는 아미고 클럽에 참여하는 것은 이곳 영국 여성들과 사귀면서 다양한 문화교류를 하기 위함인 것 같다.

영어 실력보다 용기가 더 앞서는 안사람 덕분에 나도 지난 일요일, 킹스 센터에서 진행하는 인터내셔널 런치 파티International Lunch Party에 참가했다. 교회에 나오는 영국 사람들과 외국 사람들의 친교를 위해 마련된 런치 파티로, 각자 집에서 요리를 한 가지씩 해서 가져와 서로 나눠 먹으면서 대화를 하고 차를 마시는 모임이다. 우리는 삼각김밥 20개를 만들어 갔는데 다들 맛있다고 했다. 오랜만에 이곳 영국 주민들과 어울려 같이 퀴즈도 풀고 자녀교육과 금융 위기로 어려워진 살림살이에 대해서 이야기를 나누는 오붓하고 즐거운 시간이었다. 생김새가 다르고 말이 잘 통하지 않아 그렇지, 사람 사는 것은 어디나 똑같았다.

애초에 나는 런던에 와서 운전할 생각을 하지 않았다. 핸들이 한국과 정반대로 오른쪽에 붙어 있고, 주행은 도로 왼쪽으로 해야 한다는 이야기를 들었기 때문이다. 그런데 나보다 1년 먼저 소아스에 와 있던 고려대 국문과의 장효현 선생이 당신이 살던 레인즈 파크의 집과 함께 차도 착한 가격에 넘겨 주겠다는 말을 했다. 그 호의를 거절할 수 없어 차만 넘겨받기로 했다.

차는 대대로 교환교수들이 쓰던 2000년 6월 연식의 빨간색 1,600cc 복스홀Vauxhall로, 내비게이션과 함께 300만 원이라는 부담 없는 가격에 넘겨받을 수 있었다. 장 선생이 얼마나 꼼꼼한지 오래된 차가 고장이 날까 봐 미리미리 완벽하게 점검을 해서 스코틀랜드와 유럽 등지로 장거리여행을 하는 데도 아무런 문제가 없었다고 한다.

내가 물려받은 복스홀은 영국에 있는 내내 고장 한 번 나지 않고 잘 굴러갔다. 소아스 선생들과 점심을 먹을 때 내 차 이야기를 하면서 내년에는 나도 이 차를 200만 원(1,000파운드)에 방문교수에게 넘겨줄 생각이라고 했더니, 한국 미술사 강의를 하는 샬럿 홀릭 선생이 당장 자기가 인수하겠다고 '찜' 하는 것이 아닌가. 그래서 나는 더욱 곱게 이 차를 쓰고, 고장이 나지

웃고 있는 표지판

않았음에도 차 값의 5분의 2에 해당하는 400파운드를 들여 타이밍 벨트와 워터펌프, 스파크 플러그와 와이퍼 등을 새것으로 교체하고 엔진 오일도 교환했다. 한마디로 샬럿 홀릭 선생은 '땡' 잡은 것이다. 그런데 이 차는 매년 100만 원씩 감가상각해서 팔기 때문에 2년 후 누군가는 거저 줍는 행운을 얻게 될 것이다. 샬럿 선생이 2년 후 이 차를 팔지는 잘 모르겠지만.

아무튼 핸들이 오른쪽에 달린 차로 왼쪽 길로 운전하면서 처음에는 몹시 조심했다. 한국에서는 고속도로나 간선도로에 진입할 때 왼쪽에서 오는 차를 주시해야 한다. 이에 비해 영국에서는 먼저 오른쪽을 살피고 그쪽에서 오는 차를 먼저 보내고 진입해야 하니, 이것이 한동안 익숙지 않아 긴장했다. 그래서 차를 인수하고 보름 동안은 동네 주변과 슈퍼마켓에 장을 보러 갈 때만 이용하고 멀리 나갈 엄두도 내지 못했다. 한두 달 운전을 하다 보니 점차 차가 손에 익고, 영국 사람들이 늘 양보운전하는 것이 몸에 배어 좁은 골목길에서 서로 마주 보고 달리면 먼저 본 사람이 경광등으로 번쩍하는 신호를 주며 멈추고 기다려 준다. 그래서 운전하는 것이 편하고 즐거워지기까지 하였다. 이런 경광등 신호가 비키라는 위협의 신호가 아니라, 먼저 오라는 친절한 윙크의 표시일 줄은 전혀 예상치 못했다.

그런데 영국은 고속도로와 자동차 전용도로, 시내 중심가 도로를 제외하고는 대부분의 도로가 왕복 2차선이다. 차선을 확장하면 우선 전통 건물과 주변 녹지를 훼손하게 되고, 통행량이 증가해 매연이 많이 배출된다. 게다가 차들이 속력을 내서 보행자와 자전거 이용자들이 위협을 느끼고, 교통사고가 빈발하게 된다고 생각하기 때문이다.

런던 도로의 대부분은 마차가 다니던 꼬불꼬불한 길을 직선으로 확장하지 않고 그대로 두었다. 대신 일찍부터 튜브라 불리는 지하철을 건설하고, 사람이 많이 탈 수 있는 빨간 이층 버스를 운행하며, 비싼 도심진입료 Congestion Charge를 물려 평일 일반 차량의 시내 진입을 억제한다. 그럼에도 런던은 세계에서 찾아온 관광객으로 붐비다 보니 늘 교통이 복잡하고 교통비가 비싸기로 악명이 높다.

그러나 런던 시민은 출퇴근 시 대부분 기차와 튜브, 이층 버스와 같은 대중교통 수단을 이용하지만 불평을 하지 않고, 친환경적이고 친인간적인 교통정책을 지지하고 있는 것 같다.

이러한 친환경적인 교통정책과 즐거운 불편을 감내하는 시민들 덕분에 런던 중심가를 벗어나 옛길을 그대로 살린 2차선 도로 옆에는 잔디와 나무들이 자라고, 다람쥐들이 뛰어다니며 새들이 둥지를 틀 수 있게 되었다.

이러한 친환경적, 친인간적 교통철학은 엄격한 속도 제한정책에서도 잘 드러난다. 고속도로는 시속 70마일, 자동차 전용도로는 50마일이지만, 일반 도로는 대개 30마일이고, 골목길이나 공원길은 20마일로 속도를 제한한다.

《나는 파리의 택시운전사》라는 책에서 홍세화 선생은 이야기했다. 파리의 교통경찰은 신호등이 있는 네거리에서 파란불이 켜졌는데도 차가 움직이지 않자 그 차를 운전하는 사람에게 다가가 "당신, 저 파란 불 마음에 들지 않습니까?"라는 친절한 농담을 던지는 여유를 부린다고. 그것을 부러워했는데, 30마일 이하로 준법운행을 하는 나를 향해 빙그레 미소 짓는 교통표지판을 볼 때마다 이런 멋진 아이디어를 낸 영국 교통 담당자의 지혜에 감탄하곤 한다.

런던의 명물 빅벤과 국회의사당. 의회 정치의 중심인 이 건물은 빅토리아 왕조 때 세워졌다.

신록이 우거지기 시작하는 계절인 5월에는 기념일이 많다. 한국에는 석가탄신일(2일), 어린이날(5일), 어버이날(8일), 스승의 날(15일)이 모두 5월에 몰려 있다. 그런데 올해는 석가탄신일이 토요일이라 쉬는 날이 어린이날 하루밖에 없어 아쉬울 것이다. 공휴일이 토요일이나 일요일과 겹치면 그다음 월요일을 쉬게 하면 어떨까. 세계에서 학습량이 많고 노동 강도가 높기로 소문난 우리나라의 어린 학생들과 근로자들은 이런 불합리한 제도 때문에 공휴일 하루를 도둑맞은 기분일 것이다.

영국은 부활절이 있는 4월에 봄방학과 휴일이 있고, 5월에도 월요일인 4일과 25일에 두 차례 뱅크홀리데이가 있어 3일간의 연휴를 즐길 수 있다.

5월에 첫 번째 맞는 뱅크홀리데이, 아침부터 작업하던 컴퓨터를 끄고 11시쯤 집을 나섰다. 집에서 그리 멀지 않은 엡섬의 넓은 잔디밭에서 그랜드 카부트Grand car boot 세일을 한다기에 안사람과 바람도 쐬고 구경도 할 심산이었다. 카부트 세일은 사람들이 집에서 쓰던 인형과 장난감, 각종 장식품과 액세서리, 커피 잔과 컵, 숟가락과 포크, 책과 CD, 비디오테이프와 옛 LP, 신발과 옷가지, 작은 가구 등을 비교적 싼 가격에 판매하는 이벤트다. 집에서 쓰지 않는 물건들을 서로 교환한다는 자원 재활용의 의미

뱅크홀리데이에 열린 차고 세일. 주민들은 사용하던 물건을 들고나와 헐값에 팔거나 교환한다.

도 있고, 어린아이들에게 자기가 보던 책이나 물건을 팔아 용돈을 버는 기쁨을 맛보게 하는 경제 교육의 기회이기도 하다. 그래서 영국 사람들은 모처럼 맞은 뱅크홀리데이를 가족들과 함께 즐기는 축제로 활용한다.

아침 7시 반에 개장한 카부트 세일은 우리가 갔을 때 이미 파장 분위기였다. 몇 차례 이런 세일에 다녔던 안사람에 의하면 이때쯤이면 벌써 쓸 만한 물건이 다 빠진다는 것이다. 그래서 8시 반까지는 입장료가 1파운드이고, 그 이후에는 50펜스였다. 비까지 조금씩 내리기 시작했지만, 그래도 나는 이런 세일에 어떤 물건이 나오고, 아이들의 표정이 어떤지 궁금해서 이곳저곳을 둘러보았다. 마치 논에 모를 나란히 심어 놓은 것처럼 넓은 잔디 공원에 수많은 차량이 가로 세로 수십 줄로 늘어서 있고, 그 앞에 임시 가게를 마련해 집에서 쓰던 일상용품 중에 쓸 만한 것들을 판다. 주변에 있는 식당 차량 앞에는 따끈한 커피와 핫도그를 사려는 어른들이 줄지어 서 있고, 주머니가 불룩해진 어린이들의 주머니를 털기 위해 아이스크림 장수도 와 있다. 간이 미끄럼틀과 놀이기구를 설치한 장사꾼들이 아이들을 태워 주고 동전을 받느라 바쁘게 움직인다.

그런데 정오쯤 되어 빗방울이 점차 굵어지자 12파운드를 주고 두 평 남짓한 자리를 사서 전을 펼쳤던 사람들은 팔다 남은 물건을 싸서 차에 싣고 귀가를 서둘렀다. 1천여 대의 차량과 보따리를 든 사람들이 비를 피해 한꺼번에 공원을 빠져나가려다 보니 차와 사람이 뒤엉켜 엉망이 되었다. 그러자 평소에 양보 잘하고 인내심 많던 런더너들도 짜증이 났는지 경적을 울렸고, 땀을 뻘뻘 흘리며 교통정리를 하던 안내원은 욕설을 내뱉으며 응수했다. 젠틀맨이라 불리던 영국 사람들도 별 수 없었다. 영국 사람들이

평소에 겉으로는 점잖은 모습을 보이지만 속으로는 불 같은 성질을 숨기고 있다는 사실은 훌리건들의 난동을 통해 어느 정도 짐작하긴 했지만, 오늘 같은 카부트 세일 축제 끝에 이런 추태를 직접 목격하게 될 줄은 몰랐다.

사실 영국 사람에게만 해당되는 일이겠는가. 시대의 군자요, 인격자로 인정받는 어떤 조선 선비도 요즘 들어 부쩍 조그만 일에도 신경질을 부리고, 집에 있는 시간이 많아지자 괜히 죄 없는 사람들에게 시비를 거는 일이 잦아지는 것을. 그래서 공자님께서 일찍이 남의 잘못을 보거든 그것을 비난하거나 고칠 생각을 하지 말고, 자기 안에 그런 잘못이 있는지를 살펴보는 현명함을 가지라고 한 것인지도 모르겠다.

엡섬 카부트 세일에 다녀와 점심을 먹고 난 후 우산을 들고 산책을 했다. 큰아이가 졸업한 킹스턴 대학의 건물에 마침 불이 환히 켜져 있기에 들어가 보았다. 도서관에 대학생들이 그득했고, 컴퓨터가 설치되어 있는 세미나실에서는 모둠 활동이 한창이었다. 뱅크홀리데이에도 도서관과 세미나실을 가득 메운 킹스턴 대학의 학생들처럼 제대로 공부하는 사람에게는 정신이 잠자는 휴일이란 원래 없는 것이 아닐까 하는 생각을 하며, 영국에 와서 약간 이완된 몸과 마음을 추스렸다.

조선 후기에 상업이 발전하면서 도시에는 객주와 여각이 생기고, 시골에도 10, 20리마다 주막이 들어섰다. 김홍도의 풍속화 〈주막〉이나 김주영의 소설 〈객주〉에는 5일마다 열리는 장터에 물건을 등에 지고 팔러 온 보부상이나 나그네들에게 술과 밥을 팔고 잠자리를 제공하는 주막의 모습이 실감나게 묘사되어 있다. '주(酒)' 자 등을 매달아 놓고 손님을 맞는 시골 주막은 먼 길을 가는 사람들의 안식처 역할을 하였고, 장터의 주막은 흩어져 살던 사람들이 오랜만에 만나 막걸리를 한 사발 마시며 안부를 묻고 정을 나누는 만남의 장소이기도 하였다.

영국의 펍은 술과 음식을 팔고, 여인숙(Inn)이 딸린 곳도 있다는 면에서 우리나라의 주막과 비슷하다. 또한 주로 동네 사람들이 모인다는 면에서 우리나라의 사랑방과 같은 역할을 담당해 왔다고도 할 수 있다. 런던 시내 사거리 모퉁이나 극장가 주변에는 대개 수백 년 된 펍이 있고, 주택가 동네의 요지에는 저마다 특색 있는 오래된 펍이 자리 잡고 있다. 퇴근길에 직장 동료나 친구들끼리 칼스버그, 칼링, 포스터, 스텔라와 같은 친숙한 상표의 생맥주를 한 잔 기울이는 것은 영국인의 일상생활이다. 저녁 때 동네 펍에 나와 대형 화면을 통해 축구 경기를 보거나 퀴즈를 풀면서 이웃들

영국의 전통 펍 '체싱턴 오
크'. 나도 시간이 나면 종종
들러 전통 맥주를 마시곤
했다.

과 담소를 즐기는 것은 런더너의 문화라고 할 수 있다.

우리 동네 주위에도 곳곳에 펍이 있다. 나는 술을 좋아하지
는 않지만 영국의 펍 문화를 맛보기 위해 집에 손님이 올 때
몇 번 같이 가 본 적이 있고, 그 옆을 지날 때마다 그곳 풍경을 유심히 살
펴보았다. 워털루 행 기차를 타는 체싱턴 놀스 역 부근에 있는 '체싱턴 오
크The Chessington Oak'에서는 일요일에 '선데이 로스트'를 5.99파운드에 판다.
맛도 괜찮아서 주말에는 가족 손님들이 많다.

홀톤 파크로 산책을 가다가 발견한 '본드 게이트The Bond gates'는 약간 외
곽에 있어서 그런지 비교적 값이 싼 편이다. 손님이 많지 않은 월요일에는
생맥주를 1.59파운드에 팔고, 화요일 저녁에는 2인 디너와 음료를 5.89파
운드라는 파격적인 가격에 제공한다. '손 안의 모자The Cap In Hand'는 우리

동네에서 가장 오래된 펍으로 낡은 건물과 때 묻은 식탁을 자랑한다. 언덕 길 아래 공장 지대 부근에 있는 '매버릭The Maberick'은 근처 노동자들이 첼시와 풀럼의 축구 경기를 보기 위해 모이는 펍이다. 마음 착하게 생긴 주인 아저씨가 손님들과 같이 매일 맥주를 마셔서 그런지 '비어밸리(Beer Belly, 맥주를 많이 마셔 배가 불룩 나온 것을 말하는데, 그 모양이 머핀 빵 같다고 해서 머핀 탑Muffin Top이라고 한다)'이다.

그러나 이렇게 사람들이 모여 맥주를 한 잔 하며 즐거움을 나누는 동네 펍이 점점 사라지고 있다. 테스코 같은 대형 유통업체들이 곳곳에 들어서 맥주를 물값보다 싸게 공급하는데다가, 금융 위기로 주머니 사정이 빠듯 해지면서 서민들이 2파운드를 주고 맥주를 사 먹는 것을 부담스러워 하게 된 것이다. 최근 언론조사에 의하면 영국인들이 금융 위기 이후 집에서 TV를 보는 시간이 늘어났으며, 이번 여름에 해외에서 휴가를 보내지 않고 국내여행을 하겠다는 사람들도 많아졌다고 한다. 실제로 우리 동네 펍 중의 하나인 '흰 수사슴The White Hart'도 문을 닫았다.

전통적인 펍도 이러한 변화하는 환경 속에서 살아남기 위해서 체인점이 되거나, 펍과 그릴을 겸업하는 경우가 늘고 있다. 영국에 온 지 7년째 되어 우리에게 많은 정보와 도움을 준 친절한 이웃 이욱주 선생 부부가 알려준 '하베스터Harvester'가 바로 그런 곳이었다. 영국적인 분위기가 나는 펍 옆에 값싸고 맛있는 그릴을 하는 레스토랑이 있어서 사람이 항상 붐빈다. 이렇 게 영국의 펍은 '하베스터'처럼 변화를 통해 살아남기도 하지만, '흰 수사 슴'처럼 사라지는 곳이 늘어나는, 일종의 전환기를 맞고 있다.

2000년, 북경 대학에 1년간 방문교수로 가 있을 때도 마찬가지였다. 세

사라진 펍 '흰 숫사슴'

계인들이 즐겨 먹는 중국 요리의 본고장에도 맥도날드와 스타벅스가 들어서 중국의 전통찻집인 다사(茶肆)나 다관(茶館)을 요지에서 밀어내고 있었다. 창고형 대형매장이 들어서 '후통'이라 불리는 골목 입구의 가게들과 만두 가게가 문을 닫고, 오래된 벽돌집을 허물고 그 자리에 빌딩을 마구 짓는 것을 보고 마음이 아팠다.

전통을 자랑하는 영국조차 국적을 초월한 자본의 거센 공세와 경쟁과 효율을 지고의 가치로 내세우는 신자유주의의 물결에 무너지고 있어 안타까운 마음을 금할 수 없다. 이런 현상이 어디 비단 영국에서만 일어나는 일이겠는가. 지금 한국에서는 진리를 추구하고 사람을 키우는 학교조차 이런 횡포에 휘둘리는 것을.

이렇게 사람들이 모여 맥주를 한 잔 하며 즐거움을 나누는 동네 펍이 점점 사라지고 있다.

테스코 같은 대형 유통업체들이 곳곳에 들어서 맥주를 물값보다 싸게 공급하는데다가,

금융 위기로 주머니 사정이 빠듯해지면서 서민들이 2파운드를 주고 맥주를 사 먹는 것을 부담스러워 하게 된 것이다.

#10. 템스 강에
부는 바람

2008년, 한국에서는 경제를 살리겠다는 대통령을 뽑은 지 몇 달도 지나지 않아 촛불 시위가 일어났고, 세계적으로는 미국발 금융 위기가 전 지구인들의 살림살이를 어렵게 만들었다.

영국도 HSBC, 로이드 같은 굴지의 금융기관들이 정부의 엄청난 공적 자금을 수혈받아 연명하고, 울워스Woolworths 같은 유통업체를 비롯한 수많은 기업이 문을 닫고, 약 180만 명의 실업자가 발생했다. 파산을 하거나 구조조정으로 실직을 당하지 않은 기업체의 노동자들 역시 생활이 어려워진 건 마찬가지다. 영국의 대표적인 철강업체 코러스Corus는 2만 5천 명 직원의 임금을 10퍼센트 삭감하기로 했고, 런던 시내 금융가에서도 임금을 25퍼센트 삭감하는 등 찬바람이 불고 있다.

영국 신문에 의하면 요즘 런던의 직장인들이 출근하는 런던 외곽의 길포드, 워킹 같은 기차역들이 새벽부터 붐빈다고 한다. 이는 회사에 일찍 출근하는 사람들 때문이란다. 매사에 급할 것 없고 느긋한 생활을 즐기던 런더너들이 구조조정 대상에 들지 않고 '나는 회사에 꼭 필요한 사람'이라는 사실을 각인시키기 위해 평소에 잘 하지 않던 모습을 보이고 있는 것이다. 시내의 직장인 중 20퍼센트 이상이 은행과 보험회사에 다닐 정도로

금융업이 차지하는 비중이 높은 런던은 이번 금융 위기의 직격탄을 맞았다. 한때 1파운드에 1.4유로였던 화폐가치가 2008년 말 거의 1 대 1이 될 정도로 경제가 어려워진 것이다. 그래서인지 런던 시내의 크리스마스 장식도 예년만 못하고, 옥스퍼드 서커스에서 피커딜리 서커스에 이르는 런던 중심가에는 유로화를 들고 쇼핑을 즐기러 온 프랑스 인과 스페인 인을 비롯한 유럽연합 사람들로 붐빈다고 한다.

국민이 이렇게 어려운 생활을 하고 있을 때, 왕실은 어떻게 지낼까? 신문을 살펴봤더니 엘리자베스 2세는 왕실에 허리띠를 졸라매고 근검절약을 솔선하라는 엄명을 내리고 자신부터 실천하고 있다고 한다. 왕실 예산을 대폭 줄이는 한편, 사람이 거처하지 않는 방의 전등은 끄고 왕실 연회에서 남은 음식을 재활용하며, 여왕 자신도 새 옷을 한 벌도 장만하지 않고 옛날에 구입했거나 선물로 받은 것을 입고 지낸다는 것이다. 그리고 군인으로 복무하는 26세의 윌리엄과 24세의 해리 두 손자에게 특히 나이트클럽 출입을 자제하라고 당부했다고 한다.

이러한 영국 왕실의 솔선수범 자세는 단지 이번뿐만이 아니다. 1982년 영국과 아르헨티나가 포클랜드 섬을 둘러싸고 전쟁을 벌였을 때, 엘리자베스 여왕의 둘째 아들 앤드류 왕자가 헬리콥터 조종사로 맨 먼저 참전한 적이 있고, 2008년 봄에도 왕위 계승 서열 3위인 해리 왕자가 아프가니스탄에서 최전선에 근무한다는 사실이 알려져 영국민들의 감동을 자아냈다. 큰손자 윌리엄 왕자도 2006년 샌드허스트 육군사관학교를 졸업하고, 근위병 기병대에 배치받아 장갑 정찰차를 지휘하다가 2008년 1월에 다시 공군에 들어가 조종사 훈련을 받고 있는데, 내년에는 군함과 잠수함에서 근

무할 예정이라고 한다.

영국 국민이 많은 어려움을 겪고 있음에도 희망을 얻고 위로를 받는 것
은 왕실을 비롯한 영국 지도층들이 북송(北宋) 시대의 정치가 범중엄(范仲淹)
이 말한 "천하의 근심을 먼저 근심하라(先憂民之憂)."라는 노블레스 오블리주
의 덕목을 몸소 실천하기 때문일 것이다.

나는 오늘 귀갓길에 일부러 튜브를 타고 그린파크 역에서 내려 엘리자
베스 2세가 거처하는 버킹엄 궁 앞을 지나 템스 강의 행거포트 다리를 걸
어왔다. 템스 강 위로 부는 겨울바람이 쌀쌀하기는 하지만, 국민을 섬길
줄 모르고 함부로 권력을 휘두르는 MB 정권의 거친 광풍에 비하면 아무

것도 아니리라는 생각이 들어, 문득 국외에 나와 있는 것이 미안하게 느껴졌다.

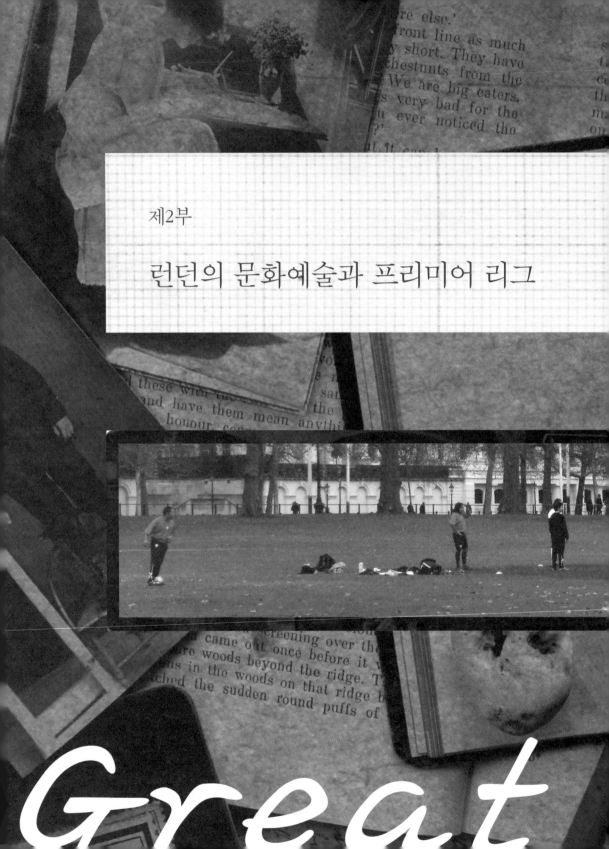

제2부

런던의 문화예술과 프리미어 리그

he sky above a broken
s; soft puffs with a vell
saw the flash th
all dist

a bombardm
ns were fi

ritain

#1. 로열 앨버트 홀의 〈카르멘〉 공연

오늘날 영연방의 기초를 닦은 대영제국의 주인공 빅토리아 여왕(재위 1837~1901)과 부군 앨버트 공에 관련된 유적은 많이 남아 있지만, 그중에서도 런던 사람들이 즐겨 찾는 곳은 빅토리아 앤드 앨버트 뮤지엄V&A Museum 과 로열 앨버트 홀Royal Albert Hall이다.

빅토리아는 1837년 18세의 나이로 여왕에 등극한다. 그녀는 독일 작센 지역 영지를 관할하던 공작의 아들이자 외사촌인 동갑내기 앨버트가 윈저 성을 방문했을 때 그의 잘생긴 외모를 보고 첫눈에 사랑에 빠진다. 두 사람은 이윽고 1840년 2월에 결혼한다.

어린 나이에 왕위에 오른 빅토리아는 모든 것을 당시 수상인 멜버른에게 의존했다. 하지만 여왕이라는 칭호는 빅토리아가 갖고 있지만, 왕의 역할을 수행하는 사람은 앨버트라는 소문이 있을 정도로 그녀는 남편에게 의지했다. 두 사람은 부부 금슬도 좋았다.

그러나 결혼한 지 21년 되던 1861년, 앨버트 공이 죽자 우울증에 빠진 빅토리아 여왕은 한동안 부부가 즐겨 들렀던 스코틀랜드의 밸모럴 성에 칩거했다. 물론 동방 정책과 제국 건설에 관심이 많던 그녀는 얼마 지나지 않아 벤저민 디즈레일리 수상의 간곡한 요청으로 다시 정치의 전면에 나

앨버트 공 거넘비

〈카르멘〉을 공연한
로열 앨버트 홀

선다. 그리고 사랑했던 앨버트 공을 기념하기 위해 서거 10주년 되는 1871년 켄싱턴에 웅장한 규모의 로열 앨버트 홀을 지었다. 앨버트 홀의 건너편 공원에는 앨버트 공의 기념비가 자리 잡고 있다.

2007년 3월 말, 큰아이의 킹스턴 대학원 디자인학부 졸업식에 참석하기 위해 런던에 왔다가 이곳에 들어간 적이 있다. 홀은 원형으로 지어졌는데, 가운데 무대가 있고 무대 뒤에는 교향악단석과 합창단석이 자리 잡고 있다. 관객들은 1층의 스톨Stalls, 2층에서 4층까지의 박스Box, 5층의 써클Circle로 구분된 좌석에 앉아서 공연과 연주를 감상할 수 있다. 각 층의 복도 옆에는 화장실과 함께 커피와 와인, 아이스크림과 음료수를 즐길 수 있는 바Bar가 있고, 5층에는 '엘가' 라는 레스토랑도 있다.

로열 앨버트 홀에서는 매년 여름, BBC 방송국 주최로 여름음악회Proms가 열린다. 작년에 그 기회를 놓친 것을 아쉬워하던 안사람의 소원도 풀고, 안사람의 생일도 축하할 겸 3월 3일, 저녁 7시 반에 공연하는 비제의 오페라 〈카르멘〉을 보러 갔다.

모처럼 아내와 같이 시내 나들이를 하는 김에 일찍 서둘렀다. 먼저 템스 강변에 위치한 셰익스피어 극장 투어를 한 후, 4월 25일에 개막하는 〈로미오와 줄리엣〉 연극 티켓을 예매했다. 그리고 다윈 탄생 200주년 기념 특별전이 열리는 자연사박물관도 둘러보고 켄싱턴으로 향했다.

먼저 앨버트 공의 좌상을 촬영한 후 길을 건넜다. 시간적 여유를 가지고 30분 먼저 입장했음에도 이미 사람들이 바에서 와인 잔을 기울이며 기분을 내고 있었다. 우리는 2층에서 4층에 이르는 박스 석은 영국의 귀족들에게 양보하고, 무대 앞의 일등석인 스톨 석(57.50 파운드)도 사양했다. 그리고 〈타임스〉 정기구독 독자에게 10파운드 특별할인을 해서 26파운드에 판매하는 티켓을 샀다. 이 자리는 5층의 써클 석이다.

드디어 로열 필하모니 오케스트라의 전주곡으로 〈카르멘〉이 시작되었다. 자유분방한 집시 카르멘과 순진하고 고지식한 돈 호세의 비극적인 사랑을 그린 이 오페라는 우리에게 친숙한 전주곡과 투우사의 노래, 아리아 때문에 감상하는 데는 문제가 없었다. 그러나 너무 높은 곳에 앉은 탓인지 성악가들이 노래하는 모습과 연기를 잘 볼 수 없었다.

그래도 조선 선비는 체면을 차리느라 고개를 빼고 아래를 내려다보지는 못한 채 점잖게 앉아 분위기를 즐겼고, 호기심 많은 조선 선비의 아내는 내셔널 트러스트(National Trust, 영국에서 시작된 자연보호와 사적 보존을 위한 민간 단체) 회원에게 공짜로 나누어 준 조그만 망원경을 꺼내 무대 위 연기자들의 움직임과 표정을 포착하려 애썼다.

 로열 앨버트 홀에서는 매년 여름, BBC 방송국 주최로 여름음악회 프롬스가 열린다.

1997년, 외환 위기에 빠진 한국은 IMF의 구제금융을 받았다. 온 국민이 신음하고 있을 때, 미국 LPGA 결승전에서 신발을 벗고 연못에 들어가 온 힘을 다해 샷을 휘둘러 우승을 차지한 박세리 선수. 그녀는 국민에게 희망과 기쁨을 주었다. 그리고 최근에는 영국 프리미어 리그(EPL, English Premier League)에서 활약하는 박지성 선수가 금융 위기와 불황, 폭정과 실업으로 살 맛을 잃은 우리 국민에게 기쁨과 생각할 거리를 제공하고 있다.

나는 2002년 한일 월드컵 당시 인천 문학경기장에서 벌어진 포르투갈과의 경기에서 박지성이 볼을 가슴으로 트래핑한 후 슛을 쏘아 성공한 것을 보고 팬이 되었다. 이후 나는 그의 활동을 관심 있게 지켜보았다.

월드컵 4강 신화를 이룬 후 박지성은 스승 거스 히딩크를 따라 네덜란드 에인트호번으로 이적했다. 그곳에서 기량을 업그레이드한 박지성은 다시 영국 최고 명문 구단인 맨체스터 유나이티드로 둥지를 옮겼다.

맨유로의 이적은 히딩크 감독이 말릴 정도로 불안한 모험이었다. 긱스와 스콜스 같은 영국 축구의 신화가 된 선수들, 호날두와 루니 같은 세계 최고 기량을 가진 선수들의 틈에서 '과연 박지성이 살아남을 수 있을까?' 하는 의문이 들었던 것이다. 맨유로 이적한 초기 박지성은 영어가 서툴러

서 영국 스포츠 기자들이 인터뷰를 기피했고, 경기에서도 벤치에 앉아 있는 날이 많았다. 그래서 박지성을 아시아권 팬 확보를 위한 비즈니스용으로 영입한 것이 아니냐는 비아냥을 듣기도 하였다.

그러나 성실하고 영리한 박지성은 이런 주위의 우려와 언론의 냉대에 신경을 쓰기보다는 꾸준히 자기 기량을 향상시키는 데 전력을 다했다. 영국 프리미어 리그의 정상권 수준이라고 평가받을 정도로 실력을 향상시켰고, 경기에 기용되면 자신의 골 욕심을 충족시키기보다 팀의 승리를 우선했다. 좋은 위치에 있는 선수에게 볼을 패스하는 센스 있는 플레이를 펼쳐 까다로운 퍼거슨 감독의 마음도 사로잡았다.

작년 세계 최고 선수상을 받은 호날두 같은 선수는 기가 막힌 프리킥 기술과 현란한 발놀림으로 팬들에게 볼거리를 제공한다. 그러나 한편으로는 할리우드 액션과 교만한 태도 때문에 원정 경기에서는 관중으로부터 많은 야유를 받기도 한다. 득점과 기술 과시에 신경을 쓰다 보니 자주 볼을 빼앗기며, 대인 마크와 수비에는 신경을 쓰지 않는 모습도 보인다.

이에 비해 박지성은 드리블 능력도 좋고 위치 선정 능력이 뛰어나다. 그

맨유 대 풀럼의 경기가 열린 풀럼의 홈구장. 크레이븐 코티지.

뿐만 아니라 공격수들이 슛을 할 수 있도록 적절하게 센터링을 올려 주고, 수비 가담 능력도 뛰어나다. 노회한 퍼거슨 감독은 최근 져서는 안 될 중요한 게임에는 팀 공헌도와 헌신성이 높은 박지성을 선발로 기용한다.

나에게 영국은 셰익스피어와 워즈워스 같은 위대한 작가, 다윈과 러셀 같은 훌륭한 학자를 배출한 나라, 마르크스가 잠들어 있는 곳이자 존경하는 간디가 공부했던 곳, 그리고 좋아하는 박지성이 활약하는 곳이기도 하다. 그래서 나는 런던에 머물면서 이들의 발자취와 유적, 활동하는 곳을 자주 찾았다.

둘째 딸이 다니는 시내 영어학원에서 마침 FA컵 8강전인 맨유 대 풀럼의 경기 티켓을 30파운드에 구해 주었다. 3월 7일, 풀럼의 홈구장인 크레이븐 코티지로 갔다. 오후 5시 15분에 경기가 시작되지만 일찌감치 4시경에 푸트니 브리지 역에 도착했다. 길모퉁이에서는 벌써 맨유 팬 수백 명이 깃발을 휘두르며 응원가를 소리 높여 부르고 있었다. 이에 질 새라 풀럼 팬들도 건너편에서 구호를 외치며 풀럼 문장을 수놓은 머플러를 휘두르고 있었다. 런던 시의 경찰들은 두 구단의 극성팬들 간에 충돌이 있을 것을 우려해 기마경찰까지 동원해 질서를 유지하려 애썼다.

나는 팬들과 기마경찰의 모습을 카메라에 담은 후 구장 안으로 들어갔다. 박지성을 좋아하기는 하지만 맨체스터의 올드 트래퍼드 구장을 찾아가서 축구 경기를 볼 정도의 극성팬은 아닌지라 런던에 원정 오는 맨유 경기나 한번 보자는 심사에서 가벼운 마음으로 풀럼 구장을 찾은 것이다.

박지성은 지난 수요일에 있었던 뉴캐슬과의 경기에 출전하여 1:1 동점 상황에서 베르바토프에게 멋진 어시스트를 하여 2:1 승리를 이끌었다. 또

맨유와 풀럼 팬들의 충돌을
막는 기마경찰

한 다음 주에 있을 예정인 인터 밀란과 챔피언스 리그 경기를
앞두고 있어서 출전하지 않을 줄 알았다. 그런데 경기장에 들
어가서 몸을 푸는 맨유 선수들을 살펴보니 박지성도 있는 것이 아닌가. 그
동안 박지성을 약간 소홀하게 대한 전력이 있기 때문에 나의 미움을 산 바
있는 퍼거슨 감독이 뜻밖에 박지성 선수를 선발로 출장시켰다. 나는 가슴
이 뛰기 시작했다.

　그러나 환호성을 지르거나 "박지성 파이팅!"을 외칠 수 있는 상황은 아
니었다. 내가 단체권으로 싸게 산 자리가 바로 골대 뒤에 있는 풀럼 서포
터즈의 자리였기 때문이다. 나는 어쩔 수 없이 풀럼 서포터즈의 응원용 부

나는 영국에서 박지성 군의 경기를 직접 보았다. 풀럼 전에서 박 군은 통쾌하게 골을 성공시켰다.

채를 들고 있을 수밖에 없었지만(그 자리에서 맨유나 박지성을 응원했다가는 뼈도 추리지 못할 분위기였다), 눈은 박지성의 일거수일투족을 놓치지 않았다.

그런데 이게 웬 행운이란 말인가! 맨유는 테베즈의 선제골로 경기를 쉽게 풀어갔다. 더구나 후반전에 들어서 박지성은 펄펄 날며 날카로운 인터셉트, 패스, 슈팅을 골고루 보여 주면서 물오른 그의 실력을 보여 주었다. 그리고 드디어 페널티 박스 안에서 단독 드리블을 하더니 통쾌한 슛을 성공시키는 것이 아닌가!

최근 영국의 언론과 팬들은 박지성의 지칠 줄 모르는 활동량과 성실성에 대해서 늘 호평하면서도, 꼭 끝에 가서는 골 결정력이 부족하다는 한마디를 덧붙였다. 늙은 여우 퍼거슨 감독도 작년 챔피언스 리그 예선전과 준결승전에서 박지성을 잘 써먹고 나서, 결승전에서는 출전명단에조차 올리지 않은 토사구팽(兎死狗烹)을 저질렀다. 그 이유는 골 결정력 부족이었다.

그런 숙제를 안고 있던 박지성이 지난 뉴캐슬과의 경기에서 결정적인 어시스트를 하여 공격 포인트를 올리더니, 이번 풀럼 경기에서 통쾌한 골을 기록한 것이다. 그 결과 이제 올 시즌 2골 2도움(영국 프리미어 리그 통산 10골)을 이룩했다.

이렇게 지칠 줄 모르고 노력하는 박지성의 활약에 대해 지난주 〈가디언〉의 일요판 〈옵저버〉 지에서는 '진정한 선수 중의 선수true player's player'로 평가했다. 박지성을 맨유 동료 사이에서 가장 인기 있는 '이름 없는 영웅'이라고 칭송한 바 있고, 〈타임스〉의 일요판인 〈선데이 타임스The Sunday Times〉에서는 스포츠란 첫면을 박지성으로 장식하였다. BBC 정규 뉴스의 스포츠 코너에서도 박지성이 슛 하는 장면을 보여 줬는데, 경기가 끝나고 진행된 인터뷰에서 박지성은 "매 경기 잘하려고 노력하다 보니 오늘 좋은 결과가 있었다."라고 말했다. 그의 축구 철학이 담긴 겸손하지만 깊이가 있는 발언은 나를 다시 한 번 감동시켰다.

이렇게 겸손하고 꾸준히 노력하며, 공을 남에게 돌리고 팀 전체를 배려할 줄 아는 헌신성을 지닌 박지성이야말로 일찍이 감산 선사가 말한 "도에 뜻을 두다 보면 공을 기약하지 않아도 공이 스스로 커진다(唯有道者, 不期於功而功自大)."라는 상황에 해당하는 '이름 없는 진정한 영웅'이 아니겠는가.

3. 옥스브리지 조정 경기

　3월 29일 일요일, 프란체스카 조 선생의 초대를 받아 해머스미스 역 부근 템스 강변에 있는 아카바 스튜디오Acava Studio에 갔다. 조 선생은 동런던 대학과 골드스미스, 첼시 칼리지를 마치고, 영국을 중심으로 유럽에서 활발하게 작업 중인 서양화가다. 그녀와는 지난 2월 말에 있었던 소아스의 한국 민속과 조형예술 세미나에서 처음 만나 인사를 나누었다. 그때 조 선생은 옥스퍼드 대학과 케임브리지 대학 간에 조정 경기가 벌어지는 봄이면 작업실로 지인들을 초대한다고 했다. 작업실이 템스 강 바로 옆에 있어서 보트 레이스를 구경하기에 안성맞춤이기 때문이란다. 이번에는 우리 부부와 소아스에 방문학자로 와 있는 서울대 외교학과 신욱희 교수와 이영부 화가 부부를 초대하겠다고 했다. 그런데 지난주 초청 메일이 왔다.

　우리 부부는 옥스퍼드 대학과 케임브리지 대학이 1829년부터 벌여온 유서 깊은 조정 경기도 구경하고, 〈가디언〉이나 〈텔레그래프〉와 같은 이곳 신문들로부터 호평을 받는 조 선생의 미술 작업 현장도 둘러볼 겸해서 체싱턴 놀스 역으로 나갔다.

　그런데 역에 도착하자 대합실 전광판에 윔블던에서 철도 보수작업을 하니 다른 교통편을 이용하라는 메시지가 떴다. 그래서 버스를 타고 기차가 많이 다니는 가까운 서비턴 역에 갔으나 그곳도 마찬가지였다. 대신 윔블던 역까지 가는 환승버스를 타고 윔블던으로 가서, 그곳에서 다시 버스를 갈아타고 사우스필드 역에 가서야 겨우 해머스미스 역으로 가는 지하철을 탈 수 있었다. 평소 같으면 한 시간도 걸리지 않았을 텐데 2시간 반이나 걸려 3시가 되어서야 겨우 도착했다. 나는 늦은 것이 미안해 가져 온 보르도 산 포도주 두 병을 꺼내면서 늦게 온 변명을 했는데, 기차뿐만 아니라 도로도 막혀 다들 늦게 도착했다고 해서 마음이 좀 놓였다.

조 선생의 아카바 스튜디오는 원래 공장 건물이었는데, 런던 시가 인수해 내부를 수리하여 화가들에게 몇 평씩 저렴하게 임대를 해 주었다고 한다. 조 선생은 5년 전에 이곳에 입주해 부지런히 작업을 하여 몇 번의 개인전을 열고 수차례의 기획 전시에 작품을 출품했다고 한다. 나는 스튜디오 안에 있는 작업 중인 작품과 세워 놓은 작품들을 살펴보았다. 이가림 시인은 조 선생의 작품 세계에 대해 이렇게 말했다.

"그녀는 깊은 슬픔을 극복한 후의 평화, 깊은 고통을 극복한 후의 환희를 기도하는 자세로 겸허하게 그려 인간적으로 정다운 사물과의 교감을 감동적으로 표현하고 있다."

나는 조 선생의 서양화를 제대로 볼 수 있는 안목을 가지고 있지 않다. 하지만 예상보다 좁고 추운 열악한 환경에서 치열하게 작업에 정진하는 자취를 확인할 수 있었고, 조 선생의 소박하고 따뜻한 모습에서 평화와 환희의 조형 언어를 창작했겠구나 하고 짐작할 수 있었다.

ITV의 중계방송으로 옥스퍼드 대학과 케임브리지 대학 간의 전통 깊은 조정 경기가 시작되는 것을 보고, 템스 강에 면해 있는 스튜디오 뒤뜰로

나갔다. 푸트니 브리지에서 3시 40분에 출발한 두 팀의 보트는 템스 강을 힘차게 거슬러 올라와 6분 만에 우리가 있는 해머스미스까지 거의 동시에 다다랐다. 두 척의 보트가 쏜살같이 우리 앞을 지나갔고, 중계방송을 하는 배와 진행요원이 탄 배를 비롯한 수십 척이 그 뒤를 따랐다. 결승점인 치스윅 브리지에 먼저 도착한 것은 옥스퍼드 팀이었다. 옥스퍼드는 17분 00초를 기록하였고, 케임브리지는 그보다 12초 늦게 들어갔다. 이렇게 해서 155회를 맞이한 옥스퍼드 대학과 케임브리지 대학 간의 조정 경기는 옥스퍼드의 승리로 끝났다. 그래도 통산 전적에서는 케임브리지가 올해 1승을 추가해 75승을 기록한 옥스퍼드보다 4승이나 앞선 79승을 기록하고 있다.

옥스퍼드-케임브리지 간의 조정 경기는 우리나라의 연고전처럼 다채롭거나 기량이 높지는 않다. 하지만 공부하는 학생으로서 방과 후 클럽 활동에서 익힌 실력으로 열정을 겨루는 순수함이 있다. 오늘 아침 신문에서 두 대학 선수들이 모두 지난 주말까지 에세이를 쓰느라 진을 빼서 마지막 스퍼트를 제대로 하지 못했다는 기사를 보고 나는 고개를 끄덕였다.

템스 강을 유유히 흐르는 유람선. 템스 강에서는 일년에 한 번 옥스브리지 조정 경기가 열린다.

#4. 한글
HANGUL = SPIRIT

지난 주말 서울대학교 국어교육과 김종철 선생으로부터 메일이 왔다. 내용인즉 김 선생의 친형 김종원 선생이 런던의 한국문화원에서 〈한글 HANGUL=SPIRIT〉을 주제로 전시회를 개최하니, 시간이 나면 한번 가 보라는 것이었다. 김종원 선생은 마산 창신고등학교 한문교사로 일찍이 제주도의 소암 현중화 선생 문하에서 서예를 배웠다. 수십 년간 정진하여 현재 경상남도 서예가협회장을 맡고 있으면서 국내외에서 활발한 전시회를 개최하고 있다고 한다.

요즘 봄방학이라 여유가 있고, 나는 김종철 선생과 의기투합해서 20여 년간 민족문학사연구소와 고전문학회 활동을 같이했다. 더구나 나는 내 제자의 박사논문 심사를 부탁하고, 김 선생은 나에게 서울대 대학원의 '고전산문연구' 강의를 부탁할 정도로 서로 친하게 지내는 사이다. 그래서 즐거운 마음으로 전시회에 갔다.

3월 30일부터 5월 16까지 한 달 반 정도 개최되는 이 전시회는 세종대왕의 최고 발명품인 '조형미가 있는 한글'을 소재로 서예가 다천(茶泉) 김종원 선생을 비롯해, 의상 디자이너 이상봉, 그래픽 디자이너 안상수, 포토그래퍼 천경우 등 네 분야의 재능 있는 예술가들이 창작한 작품들을 공

동으로 전시하는 기획전이었다.

먼저 천영세 주영 한국 대사의 축사로 성황리에 개막식이
열렸고, 이어서 파리 전시에서 호평을 받아 국제적으로 명성을 얻은 이상
봉 선생이 한글과 한국의 문양으로 디자인한 옷을 입은 영국 모델들의 패
션쇼가 있었다. 한글을 다양한 서체로 변용하고 색동무늬를 다채로운 모
양으로 조형한 옷들은 포스트모던한 느낌이 들 정도로 독특해서 영국의
키 큰 모델들이 입고 전시회장을 뽐내며 걷는 데 매우 보기가 좋았다.

패션쇼가 끝난 후 전시회장 한가운데 흰 바탕의 8폭 병풍을 펼쳐 두고
그 위에 검고 붉은 먹물과 붓을 놓아 둔 가운데 한복을 멋있게 차려입은

김종원 선생이 등장했다. 김 선생은 주영 대사와 문화원장, 영국인이 따라 주는 와인과 위스키를 연거푸 석 잔 마신 후 버선발로 병풍 위에 올랐다. 그리고 붓을 들고 임권택 감독의 영화 〈취화선〉에 나오는 한 장면처럼 신 들린 듯 일필휘지로 글을 써 내려갔다. 참석한 사람들이 모두 숨을 죽이며 지켜보는 가운데 선생은 순식간에 8폭 병풍에 성삼문의 시조를 수 놓았다.

이 몸이 죽어가서 무엇이 될꼬 하니

蓬萊山 제일봉에 落落長松 되었다가

白雪이 만건곤할제 獨也靑靑하리라.

옆자리에 앉아 있던 연재훈 선생이 저게 한글인가 한문인가 물었다. 이번 기획전시회의 주제가 '한글'인 만큼 당연히 한글일 것이라 생각했다. 그런데 자세히 글씨를 살펴보니 봉래산, 백설, 낙락장송, 독야청청 같은 말은 한문으로 쓰여 있었다. 서예 퍼포먼스를 마친 김 선생은 마이크를 잡고, 한글 모음 ·, ㅣ, ㅡ가 하늘과 인간과 땅을 상징하듯이 이 작품은 하늘의 기운을 받아 인간인 자신이 땅에 펼쳐진 종이 위에 쓴 것이라고 의미를 부여했다. 그리고 한국의 선비정신을 보여주기 위해 성삼문의 시조를 골랐다고 말하자 모든 관람자들의 박수가 쏟아졌다.

개막식에 이어 패션쇼와 서예 퍼포먼스가 성공적으로 끝나고, 와인과 가벼운 한국 음식을 들면서 환담하는 리셉션이 이어졌다. 나는 먼저 김종원 선생과 이번 전시를 기획한 큐레이터 김승민 선생에게 축하의 말을 전하고, 그 자리에 참석한 천영세 대사와 폴 웨블리Paul Webley 소아스 총장과

도 인사를 나누며 와인을 마셨다. 좋은 구경을 하고, 기분 좋게 한
국 음식과 술 한 잔을 해서 그런지, 행거포트 다리 위를 걷는 내 발길도 저
절로 갈 지(之)를 쓰고 있었다.

#5. 인종의 벽을 허문
〈로미오와 줄리엣〉

전공이 문학이다 보니 아무래도 영국을 대표하는 셰익스피어의 문학 세계와 작품 배경에 대해서는 지속적으로 관심을 두고 그 발자취를 찾아보게 된다. 가까운 친구들이 올 때마다 꼭 스트랫퍼드에 있는 셰익스피어 생가를 찾아가곤 하는데, 어제는 셰익스피어의 희곡만을 전문적으로 공연하는 셰익스피어 글로브 극장Shakespeare's Globe에 다녀왔다.

밀레니엄 다리가 있는 템스 강가에 테이트 모던 미술관과 나란히 자리 잡은 이 셰익스피어 전용극장은 햇빛과 달빛의 조명을 받으며 연극을 공연할 수 있는 노천극장이다.

추운 겨울에는 문을 열지 않다가, 4월에 개막 공연을 한다. 그리고 10월까지 일곱 달 동안 다채로운 작품을 무대에 올린다. 이곳에서는 7~8월에 공연하는 〈한여름 밤의 꿈A Midsummer Night's Dream〉을 보는 것이 어울리겠다는 생각이 들었지만, 시기가 맞지 않아 다른 작품을 봐야 했다. 개막 작품으로 선택되어 4월 23일부터 8월 23일까지 공연하는 〈로미오와 줄리엣Romeo and Juliet〉이 그것이다.

입장할 때 산 안내책자에는 자부심이 강한 한마디가 쓰여 있다.

서정과 젊은 열정, 그리고 피할 수 없는 비극이 완벽하게 조화를 이
룬 최고의 러브 스토리 〈로미오와 줄리엣〉!

〈로미오와 줄리엣〉이 세계 시민의 사랑을 받는 인기 작품임은 두말할
필요가 없을 것이다. 필자도 대학 시절 연희극예술회가 공연하는 〈햄릿〉,
〈말괄량이 길들이기〉, 〈뜻대로 하세요〉, 〈한여름 밤의 꿈〉을 즐겨 보았고,
올리비아 핫세와 레오나드 위팅 주연의 영화 〈로미오와 줄리엣〉을 보고
한동안 감미로운 그 주제음악을 흥얼거렸다.

그만큼 셰익스피어의 연극은 풍부한 역사적 소재와 현란한 대사, 개성

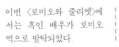
이번 〈로미오와 줄리엣〉에서는 흑인 배우가 로미오 역으로 발탁되었다.

적인 인물, 재미있는 스토리 전개 덕분에 세계인들이 즐겨 보는 보편적 교양이 되었다.

그런데 이번에 셰익스피어 글로브 무대에 등장한 로미오의 모습은 나에게 신선한 충격을 주었다. 몬테규 가문의 청년 로미오로 출연한 배우가 영국의 정통 앵글로 색슨 족의 백인이 아니라 아프리카 출신의 영국 흑인이었기 때문이다. 안내책자를 살펴보니 로미오 역할을 한 흑인 배우의 이름은 아데토미와 에둔Adetomiwa Edun으로, 영국 국립극장에서 공연된 〈맥베스〉와 텔레비전 드라마 〈더 픽서The Fixer〉에 출연한 경력이 있다고 한다.

백인 남성의 역이라고 생각되던 로미오 역에 흑인 배우가 발탁된 것은 이례적인 일이다. 최근 들어 견고한 인종의 벽은 세계 곳곳에서 허물어지고 있다. 나는 2009년 버락 오바마가 미국 역사상 최초의 흑인 대통령으로 당선되고 시카고에서 연설하던 모습을 떠올렸다. 그때 평생 흑인 인권 운동을 해왔던 제시 잭슨 목사가 감격의 눈물을 흘리는 장면이 텔레비전을 통해 중계되었다. 그동안 자유와 평등을 쟁취하기 위해 흘렸던 흑인들의 피와 땀의 무게가 절로 떠오르지 않을 수 없었다.

이 셰익스피어 글로브 극장은 16세기 말에 처음 지어졌다. 이후 수많은 공연이 올려졌으나, 〈헨리 8세〉 공연 중 소품인 대포에서 발사된 불붙은 솜이 이엉으로 엮어진 지붕에 옮겨 붙어 화마를 입기도 하는 등 우여곡절을 겪었다. 그럼에도 오로지 셰익스피어 극만을 공연해 온 유서 깊은 셰익스피어 글로브. 그리고 이곳에서 현재 영국의 최고 인기 여배우와 자연스럽게 로미오 역을 멋지게 연기한 흑인 배우! 그의 수준 높은 연기에 박수를 보내며 동시에 마음속으로 그를 주연 배우로 발탁한 연출가 도미닉 브롬글Dominic Dromgoole의 안목과 그 뒤에 버티고 있는 영국인의 관용을 실천하는 태도에 찬탄을 보내지 않을 수 없었다.

한국을 대표하는 고전고설 〈춘향전〉이 기생 춘향과 양반 자제인 이 도령의 계급을 초월한 사랑을 보여주는 진보적인 의의를 지닌 작품이라고 한다면, 셰익스피어의 〈로미오와 줄리엣〉은 남녀의 지순한 사랑을 통해서 서로 원수로 지냈던 몬테규 집안과 캐플렛 집안이 화해하는 모습을 보여주는 작품이라고 할 수 있다.

오늘날 한국학계에서는 춘향을 한 인간으로 보지 않고 기생으로 취급하는 당시 봉건사회에서 자기의 인간적 해방을 위해 노력한 적극적 인물로 재평가하듯이, 지금 영국의 셰익스피어 글로브에서는 흑인 배우 아데토미와 에둔을 내세워 〈로미오와 줄리엣〉을 인종의 벽을 허문 아름다운 사랑과 평등의 이야기로 연출해 내고 있었다.

6. 사회교육의 열린 공간, 서머싯 하우스

흔히 교육은 학교에서 이루어진다고 생각하지만, 사실 최초의 교육은 어머니의 품 안에서 이루어진다. 학교교육은 사회교육의 한 부분에 불과하다. 그런 의미에서 정치가들의 말과 행동은 정치 행위이자 국민에게 영향을 주는 교육 행위이기도 하다. 정치가들이 거짓말을 하거나 부정을 저지르면 그것은 곧바로 학생들의 가치관 형성에 좋지 않은 교육적 영향을 미치며, 사회 전체가 서로 존중하고 신뢰하는 분위기라면 아이들은 저절로 긍정적인 자아관을 형성하게 될 것이다.

요즘 우리나라도 대학마다 사회교육원을 설립하여 시민의 평생교육을 담당하고 있다. 언론사나 백화점도 다투어 문화 강좌나 전시회를 개최하며, 각 구청도 문화회관을 운영하여 주민의 문화 수준을 높이는데, 이는 매우 바람직한 일이라 할 수 있다.

툭하면 역사와 전통을 자랑하는 영국에서는 이러한 사회 문화교육을 일찍부터 실시했다. 관자(管子)가 "창고가 넉넉해야 예절을 안다."라고 한 것처럼 영국은 산업혁명을 거쳐 부를 축적하고 이를 바탕으로 멋진 건물을 짓고 아름다운 정원을 가꾸었으며, 각종 박물관과 미술관에 세계의 진귀한 유물과 미술 작품을 엄청나게 수집해 시민에게 공개하고 있다. 워털루 다리 옆에 우람하게 들어선 서머싯 하우스Somerset House도 그런 곳 가운데 하나다.

서머싯 하우스는 원래 16세기 중반 서머싯 공작이 살던 르네상스 식 건물을 지칭하는 것이었다. 그러나 후에 관리 소홀로 제 모습을 잃고 낙후된 것을 1770년대의 유명한 건축가인 윌리엄 체임버스 경이 사무실 용도로 쓰기 위해 조지 왕조 풍(18~19세기 영국 앤티크 스타일)의 장중한 건물로 재건축했다. 이 네모난 건물 안의 넓은 코트 야드는 공개되지 않다가 막대한 돈을 들여 55개의 분수가 있는 멋진 휴식 공간으로 새롭게 거듭났다. 이곳에서는 여름밤에 야외 음악회가 열리고, 겨울철에는 빙상장이 설치되어 아이들과 시민이 스케이트를 즐긴다.

그리고 서머싯 하우스의 정문 오른쪽 건물에는 런던의 명소 중 하나인 코톨드 미술관이 있다. 코톨드 미술관 역시 섬유 사업으로 큰돈을 번 코톨드가 세계의 유명 미술품을 사 들여 사회에 환원한 시민의 문화교육 공간이다. 이곳은 우리에게 잘 알려진 마네의 〈폴리 베르제르의 술집〉, 세잔의 〈카드 놀이를 하는 사람〉, 드가의 〈무희〉를 비롯해서 고흐, 모네, 고갱, 피사로, 르누아르, 모딜리아니 등 인상파 화가들의 유명한 작품들을 소장하고 있다.

나는 개인적으로 영국 최대의 미술관인 내셔널 갤러리나 프랑스의 최대 미술관인 루브르보다 이곳 코톨드나 고흐, 마네, 모네의 그림을 집중적으로 모아 놓은 파리의 오르세 같이 규모가 작은 미술관을 좋아한다. 반 고흐의 〈해바라기〉를 보기 위해 내셔널 갤러리를 찾고, 〈모나리자〉를 구경하기 위해 루브르에 가긴 했다. 하지만 그 두 곳은 규모가 너무 커서 그림을 감상하는 대신 그림에게 압도당하는 느낌이 들었고, 어디선가 제국주의 냄새가 나는 것 같았다. 이에 비해 파리의 오르세나 코톨드는 우선 내가 좋아하는 인상파 화가들의 작품이 많이 있는데다가 규모가 작아 돌아다녀도 발이 아프지 않고 편안한 마음으로 미술품을 감상할 수 있어서 좋다.

나는 월요일 오전이면 워털루 역에서 버스를 타고 학교 가는 길에 코톨드 미술관에 가끔 들르곤 한다. 월요일 오전에는 무료로 관람할 수 있고, 특히 내가 좋아하는 고흐의 〈귀에 붕대를 감은 자화상〉을 소장하고 있기 때문이다. 코톨드는 18세 이하거나 수입 없는 학생, 그리고 등록된 무임금자에게는 무료지만, 평소에는 수입이 있는 어른들에게 5파운드의 입장료를 받는다.

코톨드 미술관에서는 정기적으로 소장 미술품에 대한 해설을 해 준다. 내가 방문한 날은 〈귀에 붕대를 감은 자화상〉에 대한 작품 해설이 있었다. 코톨드 미술학교에 재학 중인 여학생이 고흐의 자화상에 대해 설명했다. 총명한 눈빛을 한 학생이 고흐의 고독한 생애와 동적 터치로 사물의 전형적인 성질을 부각시키는 작품 세계, 귀가 잘린 자화상을 그리게 된 배경에 대한 논란들을 아주 열심히 설명하는 동안, 가끔 고개를 끄덕이며 맞장구를 쳤지만 영어가 짧아 사실 해설의 절반도 알아듣지 못했다.

그러나 나는 파리와 런던에 있는 미술관들에서 고흐의 작품들을 봤고, 그의 생애와 작품 세계에 대해 지속적으로 관심을 가지고 약간 공부를 해왔기 때문에 〈귀에 붕대를 감은 자화상〉을 이해하는 데는 문제가 없었다.

내가 코톨드에 들른 것은 고흐의 자화상에 대한 해설이 있다는 반가운 소식 때문이기도 했지만, 누가 어떤 방식으로 작품을 해설하며 그것을 듣

는 관람객들의 자세와 반응은 어떠한지, 이를 운영하는 서머
싯 하우스의 사회교육적 시스템과 미술관의 문화적인 분위기
는 어떠한지 등을 체험하기 위해서였다.

고흐의 작품 해설을 들으면서, 코톨드의 미술품 해설은 수준 높은 문화
교육의 모범적 사례이고, 서머싯 하우스는 시민을 위한 사회교육의 열린
공간이라는 생각이 절로 들었다.

사람들에게는 가까이 있는 것을 천시하고 멀리 있는 것을 귀하게 여기며, 눈으로 본 것은 우습게 여기고 귀로 들은 것은 대단하게 여기는 경향이 있는 것 같다. 나도 마찬가지다. 런던 대학에 1년 머물면서 멀리 있는 대학이나 궁전, 성과 문화유적지는 부지런히 찾아다니고, 런던의 다른 명소들은 일부러 찾아가곤 했다. 그러면서도 정작 소아스가 있는 블룸즈버리Bloomsbury 지역은 자세히 살펴보지 않은 것 같다.

이곳 블룸즈버리는 런던 대학의 여러 칼리지들과 함께 대영박물관과 브르나이 갤러리Brunei Gallery, 병원, 오래된 호텔, 러셀 스퀘어를 비롯한 10개의 공원과 잔디 광장이 자리 잡고 있는 문화예술 지역이다. 또한 버지니아 울프, T. S. 엘리엇, 윌리엄 예이츠 같은 시인과 찰스 디킨스 같은 소설가, 찰스 다윈 같은 과학자가 모여 살았던 유서 깊은 곳이다.

얼마 전 현재 대영박물관에서 중국 도자기 중 최고 명품을 모아 놓은 퍼시벌 데이비드 경의 컬렉션Sir Percival David Collection이 전시되고 있다는 소식을 입수했다. 이에 런던 대학에서 공부하는 몇 사람과 함께 대영박물관을 방문하기로 뜻을 모았다. 우리는 소아스 대학원에서 미술사를 전공하는 정은선 양에게 작품 해설을 부탁했다.

　토요일 아침 10시 반, 일행은 소아스 본관 앞에서 만나 10분 거리에 있는 대영박물관 2층 중국 도자기 특별 전시장으로 갔다. 중국 도자기 탐방 팀은 모두 여섯 명이었다. 예술적 감각이 뛰어나고 말도 센스 있게 잘하는 정은선 양이 특강을 맡았고, 한문 공부를 같이하는 이영부 화가와 김순영 박사, 이 화가의 남편 신욱회 교수와 자매인 이현정 교수, 그리고 나, 이렇게 다섯 명이 같이 세계 최고 수준의 중국 도자기 명품을 감상했다.

　대영박물관에 특별 전시되고 있는 1,500여 점에 달하는 중국 도자기들은 원래 20세기의 중국 도자기 수집가 중 선구자로 평가받는 퍼시벌 데이비드 경(Sir Percival David, 1892-1964)이 모은 작품들이다.

　데이비드 경은 인도 뭄바이에서 사업하는 부유한 영국 집안에서 태어났다. 그는 중국 문화에 애정과 관심이 많았다고 한다. 한문 고전을 읽을 수 있을 정도의 학문적 능력을 갖춘 그는, 1914년부터 50년 동안 중국 황실 수집품을 포함해 매우 중요한 중국 도자기를 수집하였다. 그리고 1950년에는 중국학과와 미술학과가 같이 있는 런던 대학 소아스에 그 명품들을 모두 기증하여 퍼시벌 데이비드 중국 예술 재단Percival David Foundation of Chinese Art을 만들어 교육적인 목적으로 쓰이게 했다.

그러나 런던 대학의 좁은 공간과 한정된 재정으로 컬렉션을 관리하고 유지하는 데는 어려움이 있었다. 결국 2007년, 런던 대학의 퍼시벌 데이비드 재단은 문을 닫았다. 그리고 대영박물관으로 옮겨 새롭게 단장하고, 2009년 4월부터 일반에게 공개 전시하게 된 것이다. 소아스에서 미술을 공부하는 학생들은 매우 아쉬워하였지만, 일반 애호가들에게는 중국 도자기를 쉽게 접할 수 있는 계기가 마련되었다고 할 수 있다.

데이비드 경이 수집한 중국 도자기 컬렉션이 특별한 관심을 끄는 이유 중 하나는 많은 도자기가 명문(銘文)을 포함하고 있다는 점이다. 정은선 양의 설명에 의하면, 명문이 있는 도자기는 서양인이 좋아하는 화려하고 장식성이 강한 것들과 달리, 중국 황실에서 선호하고 중국인들이 가치 있다고 여기는 작품들이기 때문에 더욱 의미가 있다고 한다. 이러한 까닭에 이 컬렉션은 대만의 고궁박물관 다음으로 세계에서 두 번째로 손꼽히는 훌륭한 중국 도자기 컬렉션으로 평가받고 있으며, 개인 소장품으로는 아마도 세계 최고 수준이라고 한다.

우리는 전시장 입구에 서 있는 한 쌍의 청화자기부터 시작해 송, 원, 명, 청대의 시대순으로 진열된 중국 도자기 명품들을 차례로 살펴보았다. 전

시된 작품은 주로 10세기부터 18세기의 황실에 공물용으로 만

들어진 수준급의 도자기들로 고령토가 나는 경덕진에서 생산

된 것이 많았다. 그중에서 예술 황제로 알려진 휘종(徽宗, 1100~1125)의 사랑을

받았던 여요(汝窯)는 보기 쉽지 않은 작품이고, '데이비드 화병David Vase' 이라

고 알려진 원나라 시대의 청화 사찰 꽃병은 이 컬렉션의 중요 품목이다.

원나라의 스타일을 그대로 반영하는 이 도자기는 1351년에 만들어졌는

데, 명문에는 절에 봉양하기 위해 만들어졌다는 사실이 기록되어 있다. 이

러한 청화백자는 원의 쿠빌라이 칸이 1278년 경덕진에 도자기 제작소를

만들고, 수출용으로 청화백자를 제작하면서 대량으로 생산되었다. 이처럼

원대 이전에는 청화백자가 그렇게 많이 생산되지 않은 것으로 보아 한족 취향은 아니었던 모양이다. 그런데 아이러니하게도 몽골이 세운 원의 취향에 따라 만들어진 청화백자가 이슬람 사회나 서양으로 대량 수출되면서 서방 세계에서는 청화백자가 곧 중국 자기를 대표하는 것으로 인식하게 되었다고 한다.

우리는 퍼시벌 데이비드 컬렉션 실에 전시된 중국 도자기 명품들을 감상하고 그 규모와 수준에 조금 압도당했다. 그래서 나는 바로 옆에 있는 한국관도 둘러보자고 제의했다. 또한 정은선 양에게 한국 도자기는 중국 도자기와 비교할 때 어떤 특징이 있는지를 물어보았다.

한국과 중국 도자기의 미학을 비교하는 석사논문을 쓰는 그녀는 송나라의 청자가 고려 청자의 생산에 많은 영향을 미쳤다고 보고 있었다. 고려 청자는 장식적인 면에서 송의 정요(定窯), 색에서 월주요와 여요의 영향을 받았다는 것이다. 그런데 1123년 고려를 방문한 송나라 사신 서긍이 "고려 청자의 색은 비색으로 매우 아름답다."라고 칭송하며 고려 청자의 비색을 높이 평가하였다고 한다.

이런 점으로 볼 때 고려 청자가 중국 청자의 영향을 받았지만, 그것과는 다른 독자적인 색과 기형을 창조했음을 알 수 있다고 한다. 고려는 고려 특유의 상감청자를 만들고 발전시켰는데, 이는 청자의 원산지인 중국에서도 칭송받았을 정도였다. 그제야 마음이 좀 놓였다.

정은선 양은 내 기대에 부응하려는 듯 한국관에 전시된 고려 청자의 비색을 잘 보여 주는 매병, 한국 고유의 문양을 보여 주는 상감청자, 그림을 자유롭게 그린 분청, 영·정조 시대에 제작된 '달항아리'의 아름다움에 대해서도 짧지만 명쾌한 해설을 아끼지 않았다. 한국 한문학을 전공하면서 늘 중국 문학과 다른 한국 한문학의 특징이 무엇인가 하는 문제의식을 느끼고 있는 나에게 한국 도자기는 시사하는 바가 많았다.

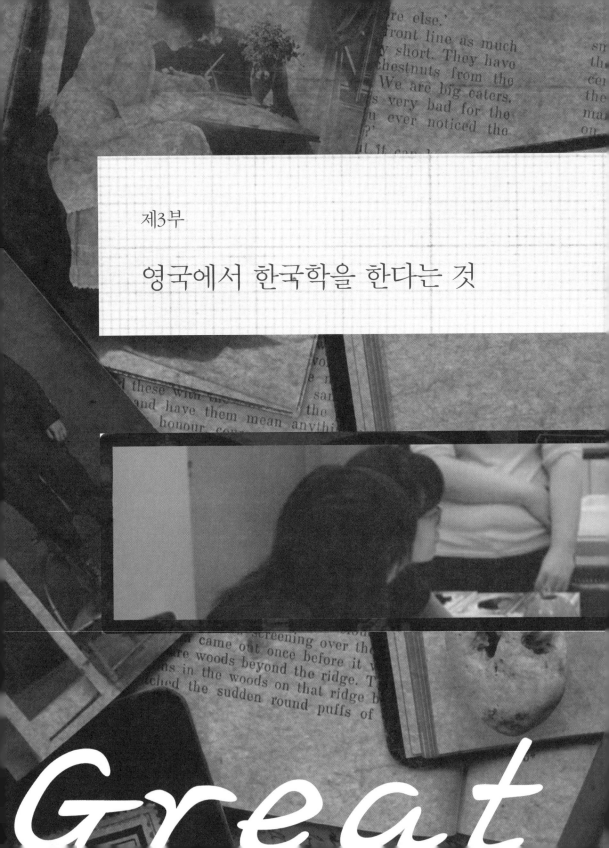

제3부

영국에서 한국학을 한다는 것

e sky above a broken
; soft puffs with a yell
saw the flash th
all dist

ere the
a bombardm
uns were fi

britain

현재 영국에서 한국학 강좌를 개설한 대학은 네 곳이다. 런던 대학, 셰필드 대학University of Sheffield, 옥스퍼드 대학, 그리고 2008년 9월에 한국학 전임교수를 채용한 케임브리지 대학이다.

영국 대학의 한국학 연구와 교육은 미국이나 캐나다 대학에 비해 개설 대학의 숫자나 수강 학생의 숫자에 있어서는 비교가 안 된다. 그러나 단독 학위 과정으로 개설되어 있는 학교가 많다는 점이 특징으로 비교적 심도 있는 연구와 교육이 이루어지고 있었다. 또한 런던 대학 한국학과의 경우 60여 명에 달하는 학부 재학생 대부분이 영국 및 유럽 학생들로 교포들이 다수를 차지하는 미국과 캐나다 대학의 한국학과와는 차이가 있다.

런던 대학과 셰필드 대학에서는 한국학 학사, 석사, 박사 과정, 옥스퍼드 대학에서는 한국학 석사, 박사 학위 과정이 개설되어 있었다. 한국학 강좌가 개설된 네 개 대학 중 런던 대학과 셰필드 대학은 학위 과정에서 필수 혹은 선택 과목으로 1년 동안 한국 대학에서 언어 실습을 요구한다. 때문에 이 과정을 이수한 학생들은 영국에 돌아와 한국어 자료를 직접 이용하여 상당히 수준 높은 한국학 연구를 수행할 수 있는 기본 소양을 갖추게 된다.

영국의 한국어 및 한국학 교육은 1940년대에 런던 대학 소아스에 한국어 강좌가 설치되면서부터 시작되었다. 영국에서 한국에 대한 일반인의 인식은 1990년대까지도 한국전쟁이나 분단국가 등의 단편적, 제한적 지식이 고작이었다. 그러나 최근 한국의 국력과 경제력이 커지고 한국 영화와 문화에 대한 관심이 점점 높아지면서 한국에 대한 인식도 긍정적이고 적극적인 것으로 변하고 있다.

특히 1989년 소아스에 한국학 단독 학위 과정이 생기고, 한국학 관련 교수진도 윌리엄 스킬렌드William Skillend 교수 한 명에서 2009년 8월 현재 10명(타 학과의 한국학 전공 교수 포함)으로 늘어났으며, 대학원생 수도 증가했다. 이에 따라 지역학으로서의 한국학 연구도 본격적인 궤도에 오르고 있었다.

또한 한국학 강좌가 개설된 대학 외에도 영국에는 한국학 관련 기관이 여럿 운영되고 있다. 대영박물관 한국관, 빅토리아 앤드 앨버트 뮤지엄 한국 전시관, 영국 도서관British Library, 영국 외무성Foreign&Common Wealth Office 등에 한국학을 전문으로 연구하는 학자들이 재직하고 있다.

이렇게 각 대학과 재영 한국문화원에 한국학 강좌가 개설되고, 연구가 활성화되는 등 영국에서 한국학 연구와 교육이 활발히 진행되는 것은 한국의 경제 규모가 커지면서 한국 문화에 대한 관심이 고조된 데 힘입었다고 할 수 있다. 거기에 한국학술진흥재단(Korea Research Foundation, 2009년 한국연구재단으로 통합)과 국제교류재단Korea Foundation의 후원, 최근에는 한국학중앙연구원의 해외 한국학 연구 지원이 큰 힘이 된 것이 사실이다.

여기서는 먼저 영국의 한국학 연구를 견인하고 있는 네 개 대학의 현황을 살펴보자.

런던 대학

런던 대학에 소속된 소아스는 1906년에 처음 세워졌다. 원래는 제3세계 및 식민지의 효율적 경영을 위하여 외교관, 국가 공무원이나 정보원 등을 양성하기 위하여 설립된 학교였다. 그러나 1960년대 이후 아시아 국가들의 경제적 성장과 국제 사회의 다변화 등으로 아시아 및 아프리카 지역에 대한 연구의 필요성이 커지면서 영국 정부로부터 특별 지원기금을 받게 되었다. 지금은 아시아, 중동, 아프리카 지역학에 관한 한 자타가 공인하는 유럽 제일의 교육·연구기관이다.

소아스에 한국학 강좌가 처음 개설된 것은 1940년대 후반이다. 한국 고소설을 연구하던 윌리엄 스킬렌드 교수가 1953년 유럽 최초로 한국학 전임 교수로 취임하면서 정규 과목으로 채택되었다.

현재 소아스 한국학연구소 소장직을 맡고 있는 연재훈 교수에 의하면, 한국학은 처음 개설 당시에는 중국학이나 일본학의 부전공으로 운영되다가 1989년부터 단독 학위 과정이 생겼고, 2009년 현재 강의 담당자가 10명으로 늘어나면서 명실 공히 영국 제일의 한국학 연구 센터가 되었다고 한다. 학부 과정에서 한국학을 전공하는 학생들은 학년당 15명 내외로, 학년당 50여 명에 달하는 중국학이나 일본학에 비하면 그 수가 적다. 그러나 매년 그 수가 증가 추세에 있다.

한국학을 전공하는 학생은 한국의 문학, 역사, 사회, 문화, 정치 등을 이수해야 하며, 한국어 강좌는 한국학 학위 과정의 필수 과목이다. 한국학을 전공하는 학생들은 2학년 때 반드시 고려대학교 한국어 프로그램을 이수해야만 졸업할 수 있다. 2학년 과정 1년 동안을 한국에서 수학하고 돌아

온 학생들은 3, 4학년에 신문, 소설, 수필 등을 배우는 한국 산문 강독과 한국어의 구조와 역사, 한국어와 문화에 관련된 논문 작성 등 심도 있는 언어·문화교육을 받고 졸업하게 된다.

현재 소아스 한국학과에는 한국어, 한국 문학, 한국 미술, 한국의 정치와 경제개발, 한국 음악, 한국 미디어와 영화 등 각 전공별로 석·박사 과정이 개설되어 있다. 수십 명의 대학원생이 본격적으로 한국학을 연구하며, 박사 학위 배출자도 증가하고 있는 추세다.

셰필드 대학

영국의 중부 지방에 위치한 셰필드 대학에 한국학 과정이 설치된 것은 1979년 산학 재단으로부터 5년간 기금을 받은 것이 계기였다. 셰필드 대학은 1987년에 연세대학교와 교류협정을 체결하고, 1990년에 처음으로 학위 과정을 개설하였다.

셰필드 대학에서 한국학 학위 과정을 관장하는 곳은 동아시아학 연구소(SEAS, School of East Asian Studies)이다. 1971년 감리교 선교사로 한국에 와서 경북대학교와 계명대학교, 감리교 신학대학 등에서 인류학, 종교학, 신학을 가르치던 제임스 그레이슨James Grayson 교수가 1987년 셰필드 대학 동아시아학과에 부임하면서 개설된 한국학 과정에는 한국어와 한국사, 한국 문화, 한국 종교 등의 과목이 개설되었다. 현재 한국학을 공부하는 학생은 5~6명 정도에 불과하다고 한다.

2년 전까지 셰필드 대학에는 한국학 전공 교수가 그레이슨 교수와 함께 유럽과 한국의 통상 문제를 연구하는 주디스 체리Judith Cherry 교수, 한국어를 가르치는 조숙연 선생 등 3명이 있었다. 그러나 최근 조숙연 선생의 이직과 2009년 8월 제임스 그레이슨 교수의 정년퇴임으로 교수가 1명밖에 남지 않았다. 때문에 셰필드 대학의 한국학과는 여러모로 위기에 봉착했다고 한다. 현재 셰필드 대학에는 한국-유럽연합 비즈니스 관계 연구가 전공인 주디스 체리 선생이 초급과 중급의 한국어를 가르치고 있다.

옥스퍼드 대학

옥스퍼드 대학의 한국학 연구는 한국 국제교류재단의 지원으로 1994년부터 시작되었다. 당시에는 한국학 단독으로는 학사 학위를 받을 수 없고, 중국학이나 일본학의 선택 과목이었다. 그러나 1996년에 처음으로 한국학 석사 학위를 받은 학생이 생겼고, 대학 측에서도 학부 과정의 한국학을 독립된 학위 과정으로 승격시키기 위한 재정을 확보하기 위해 노력하고 있다.

2008년에는 시사영어사와 국제교류재단의 지원으로 한국어학 교수를 임용하였고, 한국 문학 교수 1명을 더 확보하면서 한국학 학사 학위를 개설할 수 있는 여건이 만들어졌다. 한국어 강좌는 지은 카이어Jieun Kaier 교수와 지영해 선생이 운영하며, 석사 과정에서 한국 역사 및 문학의 한국어 강독은 하와이 대학에서 박사 학위를 받은 제임스 루이스 선생이 담당하고 있다.

2009년 봄 학기에는 옥스퍼드 대학과 자매결연을 맺고 있는 서울대학교

이장무 총장이 옥스퍼드 대학을 방문하면서 규장각에 있는 한국 문헌 150여 권의 복사본을 기증하였다. 제임스 루이스 교수의 전공이 한일 관계사 및 한국 근대사여서 그런지 한국사 관련 자료 수집에 관심이 많은 것 같다.

케임브리지 대학

영국의 양대 명문 사학 가운데 하나인 케임브리지 대학은 최근 국제교류재단의 지원으로 한국 근대사 전공의 마이클 신Michael Shin 교수를 한국학 전임교수로 임명하였다. 미국 코넬 대학에서 한국 현대사상사를 연구하고 가르치던 재미교포 학자인 마이클 신 교수가 2008년 9월에 부임해 케임브리지 대학에도 한국학이 꽃필 가능성이 생긴 것이다.

2008년 10월에는 케임브리지 대학에서 박사 학위를 취득하고 주영 한국 대사를 역임한 바 있는 나종일 우석대학교 총장이 한국학 강좌 기금을 출연하였고, '세계의 한국의 발견'을 주제로 특강을 하였다. 앞으로 매년 이 기금으로 한국학 강좌를 개최할 것이라고 한다.

케임브리지 대학의 한국학은 동아시아학과에 속해 있지만, 2009년에 교수들을 위한 한국어 강좌와 학생들을 위한 한국어 강좌가 개설되었고, 케임브리지 대학 도서관에 쌓여 있던 책들을 정리하는 작업을 하는 등 본격적인 연구와 교육을 위해 준비하고 있는 단계에 있다.

현재는 아직 한국학 교수진이 1명밖에 없기 때문에 전공 학위 과정을 개설하지는 못하고 있지만, 한국학 강좌가 늘어나고 기금이 조성되어 교수를 1명 더 초빙하면 본격적인 한국학 전공 강좌가 개설될 수 있다고 한다.

영국의 한국학 교육과 연구의 특징과 문제점

한국민이 영국에 이민한 역사는 미국이나 캐나다만큼 오래되지 않았다. 때문에 영국 대학에서의 한국학 연구와 교육은 미국이나 캐나다에서와 같이 학생의 다양성이나 배경의 서로 다름에서 오는 문제는 없다.

이를테면 미국에서는 한국어 강좌를 수강하는 학생들의 80~90퍼센트가 한국 교포들이다. 따라서 한국 교포들과 미국인들이 같은 반에서 기초 한국어를 수강할 때의 수준, 배경 지식의 차이 등 여러 가지 문제가 발생한다. 그러나 영국에서는 한국어 강좌를 수강하는 학생들의 80퍼센트 이상이 영국 및 유럽 학생들이기 때문에 학생의 다양성에서 오는 어려움은 없다고 할 수 있다.

특히 영국 한국학의 중심을 이루고 있는 런던 대학 소아스의 경우, 10명의 한국학 강의 및 연구 교수를 확보하고 있다. 따라서 학부 강좌에서도 한국어뿐만 아니라 번역, 작문 과정은 물론 시, 소설, 역사, 문화 등에 관한 강좌도 개설하고 있을 정도다. 또 한국학연구소도 정기적인 세미나와 집중적인 워크숍을 개최하는데, 영국과 한국의 학자뿐만 아니라 미국과 캐나다, 유럽 등지의 저명한 한국학 연구자를 초청하고 있었다.

그런데 영국에서 한국학 연구는 아직 저변이 넓지 않다는 것, 영국한국학회에서 활동하고 있는 학자들 중 순수하게 한국을 전공한 학자가 그리 많지 않은 것 등이 문제이다. 많은 사람이 중국이나 일본을 전공하다가 개인적인 관심이나 연구비 수혜 기회 등을 염두에 두고 한국학으로 연구 영역을 넓히고 있는 경우가 많다는 것이다. 또한 깊이 있는 한국학 연구를 위해서는 1차 자료의 이용이 필수적이며, 따라서 한국 문헌의 해독 능력이 필요불가결하다. 하지만 한국학 학자임을 자처하는 학자들 중에도 한국어의 실력이 연구를 수행하기에는 부족한 사람들도 꽤 있다고 한다. 이것은 비단 영국이나 유럽에 국한된 문제가 아니며, 세계에서 한국학을 연구하는 학자들에게도 부분적으로 해당하는 문제라고 할 것이다.

한국의 지원도 일시적이고 즉흥적으로 이루어지는 것이 문제이다. 모든 교육과 학문이 그렇지만, 영국에서의 한국학도 단기적이고 급속한 발전을 기대하기보다는 장기적이고 지속적으로 발전할 수 있도록 지원하는 것이 필요하다.

교수들에게 7년에 한 번 주어지는 1년간의 휴가를 안식년Sabbatical Year이라고 한다. 이것은 유대인들이 땅의 지력(地力)을 높이기 위해 7년에 한 번 경작을 하지 않은 데서 유래한 것이다.

우리나라에도 이런 제도가 있었다. 세종, 성종 연간에 낡은 절(寺)을 수리하여 장래가 촉망되는 젊은 문신들에게 휴가를 주고 그곳에서 독서하게 했던 사가독서(賜暇讀書) 제도가 바로 그것이다. 문신들이 마음 놓고 책을 읽던 곳이 현재 한강의 동호대교 북쪽에 위치하고 있어서 이를 '동호독서당'이라고 부르기도 했다.

이러한 안식년 제도가 어찌 교수들에게만 필요할 것인가. 인생의 무거운 짐을 지고 가는 모든 사람들에게 휴식과 성찰의 시간이 절실한 것을.

학교와 정부의 지원, 여러 사람들의 배려로 나는 런던 대학 소아스 한국학과 · 한국학연구소에서 1년 동안 소중한 시간을 보내게 되었다.

2008년 7월 7일 런던에 도착했을 때는 여름방학이었다. 학생들 대부분이 집으로 돌아갔고, 교수들도 학회와 연수, 해외 출장 등으로 연구실에 거의 없었다. 그 덕에 나도 두 달 반 동안 틈나는 대로 대영박물관, 내셔널 갤러리, 코톨드 미술관, 테이트 미술관 같은 런던 시내의 박물관과 미술관

을 돌아보았다. 그리고 리치몬드 파크, 제임스 파크, 그린 파크, 부쉬 파크 같은 공원, 밀레니엄 다리와 런던 아이가 있는 템스 강변도 수시로 산책하였다. 런던 근교로는 남부 해변 도시 브라이튼, 로마 대욕장이 있는 바스, 작지만 아름다운 세인트 알반, 옥스퍼드, 윈저 성과 리즈 성을 다녀오고, 큰아이가 있는 파리에도 들렀다.

소아스는 런던 대학 소속으로 아시아, 아프리카 지역에 관련된 연구를 수행하는 곳이다.

긴 여름방학이 끝나고 2008~2009학년도가 시작되었다. 한국 대학은 3월부터 시작하는 1학기 16주와 9월에 시작하는 2학기 16주, 모두 32주 강의를 한다. 반면 영국의 새 학년은 9월에 시작된다. 런던 대학 소아스는 2008년 9월 22일부터 12월 12일까지 진행되는 1학기(12주)를 마치고, 크리스마스와 연말연시에 3주 동안 휴가가 있다. 2학기는 2009년 1월 5일부터 3월 20일까지 11주, 한 달간의 봄방학(부활절 휴가), 그리고 4월 20일부터 6월

소아스 개강파티. 왼쪽부터
차례로 나, 연재훈 교수, 샬
럿 홀릭 교수, 브라운 박사.
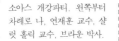

12일까지 8주간 진행되는 3학기, 이렇게 31주로 학사 일정이
이루어진다. 한국 대학은 여름방학과 겨울방학이 비슷한 데
비해, 영국은 겨울방학이 3주 정도로 짧은 대신 여름방학이 석 달 열흘이
될 정도로 길다.

소아스 한국학과도 지난주에 수강 변경신청이 끝나고 본격적인 강의가
진행되었다. 소아스 한국학과에는 학부생 60여 명, 대학원생 20여 명이
재학하고 있고, 교수는 총 열 명이다. 나는 이번 학기에 샬럿 홀릭 교수의
한국 미술사 강의를 듣고, 둘째 딸은 그레이스 고 교수의 한국 문학 번역
강의를 듣는다.

나는 이제까지 한국에서 매 학기마다 세 강좌를 진행하면서 번거로운
잡무에 시달렸다. 그런데 여기서는 강의를 하지 않고, 소아스 강의실, 대
영박물관 3층 한국미술 전시관, 빅토리아 앤드 앨버트 뮤지엄에서 진행하
는 한국 미술사 강의를 듣게 되어 여간 즐거운 게 아니다.

금요일 저녁에 B102 강의실에서 한국학과 개강 파티가 있었다. 마실 것과 과자를 차려놓은 조촐하고 소박한 파티였지만, 한국학과의 학부생과 대학원생, 교수와 강사, 한국학연구소의 연구원들이 학년 초에 한자리에 모여 신입생을 환영하며 자유롭게 담소를 나누는 모습이 화기애애하였다.

소아스의 다른 학과에 비해 한국학과의 분위기가 좋은 것은 학과장이자 한국학연구소 소장인 연재훈 교수의 겸손한 인품과 솔선하는 리더십 때문인 것 같다. 이러한 점은 파티를 준비하고 마무리하는 데도 드러났다. 한국에서 개강 모임을 하면 학생은 학생총회를 따로 열고, 교수는 교수들끼리 회식을 하는 것이 일반적이다. 그러나 여기서는 학생과 교수가 똑같이 서서 맥주병을 들고 이야기를 나누는 평등한 분위기이다. 또한 파티 준비와 마무리를 조교나 대학원생을 시키지 않고 교수들이 직접 나서서 했다.

저녁 5시에 시작해서 두 시간 동안 진행된 파티가 끝나고 학생들이 돌아가자 연재훈 선생, 그레이스 고 선생이 직접 술병을 치우고 강의실 의자를 제자리로 돌려놓았다. 나도 이번에 같이 방문교수로 온 김선미 선생과 함께 거들고 쓰레기봉투를 현관 앞에 내다 놓았다.

워털루 역에서 집으로 돌아오는 기차의 차창에 비친 내 모습을 보면서 나를 비롯한 한국 교수들이 알게 모르게 위계질서와 권위의식에 젖었던 것은 아닌지 생각했다. 조교와 학생들을 동등한 인격체나 학문의 파트너로 생각하지 않고, 아랫사람으로 여겨 비학문적인 일이나 귀찮은 일을 함부로 시키지 않았나 반성했다.

　　화요일에는 런던 대학 소아스 본관 116호에서 한국 민속과 장식예술에 관한 세미나가 있었다. 이 세미나는 한국의 민속과 민화의 특징, 장식예술의 아름다움을 알리기 위해 샬럿 홀릭 교수가 기획한 것으로, 소아스에서의 학술 발표와 대영박물관에서 작품을 감상하는 것으로 짜여 있었다.

　　오전에는 샬럿 홀릭 교수의 총론 발제에 이어 뉴욕 주립대학 마이클 페티드Michael Pettid 교수의 〈한국의 민간풍속에서의 무당, 귀신, 도깨비〉, 경주대 문화재학과 정병모 교수의 〈한국 민속화의 상상력 : 책거리〉 발표가 있었다.

　　점심은 로비에서 샌드위치와 과일 음료 등으로 가볍게 한 후 오후 일정을 진행했다. 오후에는 현재 빅토리아 앤드 앨버트 뮤지엄과 RCARoyal College of Art에 방문연구원으로 와 있는 김순영 박사가 〈한국의 보자기와 조각보〉에 대해서 발표했다. 그리고 세 그룹으로 나누어 학교 가까이에 있는 대영박물관 학예실로 이동했다. 이곳에서 정병모 교수와 김순영 박사의 해설로 책거리 병풍과 단원 김홍도의 민속화첩, 개항 무렵의 그림엽서, 보자기 등을 직접 감상했다.

　　나는 정병모 교수의 '책거리'를 특별히 주목했다. 한국의 독서문화에

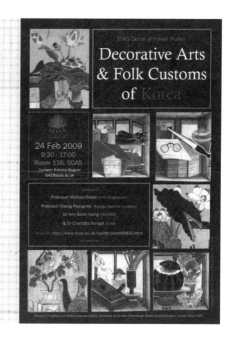

대해 관심을 갖고 몇 편의 글을 쓴 바 있는 나로서는 책과 문
방사우, 꽃병 등을 쌓아 놓은 서가를 그린 민화가 흥미로울 수

책거리 민화와 관련된 연구
발표를 소개하는 브로슈어

밖에 없기 때문이다. 정 교수가 사용한 '책거리'라는 용어는 옛날 서당에
서 책을 다 공부하고 떡으로 조촐한 축하를 하는 '책씻이' 하고는 다른 개
념으로, 서책과 문방 도구 등 장식품을 그린 민화를 의미한다.

정 교수의 발표에 의하면, 책거리 민화는 18세기 말 장한종의 그림에서
처음 등장하여 19세기 중반 이형록의 〈책거리 병풍〉(리움 미술관 소장)으로 발전
했다. 이후 시간이 지날수록 더욱 화려해지고 다채로워져 급기야는 서책
대신 여인의 옷가지와 장식을 벗어던진 에로틱한 상상력을 자극하는 작품
까지 그려졌다고 한다. 정 교수도 발표에서 지적했지만, 책거리 민화가 등
장한 것은 호문지주(好文之主)인 정조가 왕위에 있던 18세기 후반기였다.

18세기 후반기는 우리나라의 문예 부흥기라고 할 수 있는 시기로, 정조

는 정약용 같은 젊은 실학자들과 학문에 대해 논하기를 좋아했다. 궁중에 왕립도서관인 규장각을 지어 박제가, 유득공, 이덕무, 이서구 같은 진취적인 학자들을 모아 각신으로 임명하였고, 중국으로부터 다량의 서적을 구입하였다. 한편으로는 《규장전운》을 비롯한 여러 서적을 간행하는 문화사업도 진행하였다.

이 시대의 경화사족들 간에는 '장서 열풍'이 불어 수천 권의 책을 사모아 집안을 장식하는 분위기가 있었다. 단원 김홍도의 민속화에 보이는 것처럼 아버지는 자리를 짜고 어머니는 길쌈을 하면서도 아이에게 책을 읽혔으며, 점차 늘어나는 여성 독자들의 수요에 부응하기 위한 방각본 소설이 출판됐다. 책을 빌려 주는 세책가(貰冊家), 직업적으로 책을 읽어 주는 강독사(講讀師)도 등장했다. 이런 사회적인 분위기 속에서 책거리 민화가 등장하는 것은 자연스러운 일이었을 것이다.

샬럿 홀릭 교수의 창의적인 기획 덕분에 한국 문화와 미술의 특징과 아름다움을 공부할 수 있는 좋은 기회였다. 세미나는 60여 명 이상이 참석해 성황을 이뤘다. 샬럿 교수의 한국 미술사 강의를 듣는 대학원생들도 총출동하여 세미나 준비와 학교에서 대영박물관을 오가는 길 안내를 맡았다. 한국 미술사의 청강생인 나는 아침 9시 반부터 저녁 5시 15분에 열린 와인 리셉션까지 참석하여 발표와 현장 해설을 열심히 듣고 발표자들과도 활발한 토론을 하였다. 그 와중에도 샬럿 교수의 자발적 조교로서 손님을 접대하고 분위기를 조성했으며, 또한 사진 촬영이라는 내 본연의 임무를 망각하지는 않았다.

#4. 자발적 가난과
우언문학 발표

메이데이인(2009. 5. 1) 어제, 런던 대학 소아스 한국학연구소에서 서머 텀 summer term 세미나 발표를 했다. 한국학연구소 소장인 연재훈 선생은 지난 해부터 나에게 CKSCentre of Korean Studies 세미나 시리즈에서 발표를 하라고 권했다. 그래서 준비하고는 있었지만, 막상 발표가 임박하니 어떤 주제를 어떤 방식으로 발표하는 것이 좋을까 고민하지 않을 수 없었다. 그러다가 최근에 벌어진 금융 위기와 생태학적 위기를 화두로 삼기로 했다. 이에 대해 그동안 공부한 한국과 중국의 우언작품과 결부시켜 한국어로 발표를 하되, 영문으로 된 요지를 준비해 나눠 주기로 마음을 먹었다.

우선 금융 위기와 생태학적 위기를 다룬 신문과 잡지를 수집하고 정리하는 작업부터 착수했다. 마침 〈타임스〉를 정기구독하면서 평소에 관심을 갖고 있던 이 문제들에 관한 기사와 사진들을 오려둔 자료가 있었고, 우언작품은 내 컴퓨터에 보관되어 있는 것을 활용했다. 인하대 연구실에 있는 책과 파일을 이용할 수 없는 상황이라 최근 한국에서의 논의 상황은 오마이뉴스와 프레시안, 인터넷 한겨레와 경향닷컴 등을 참고했다.

이런 자료를 바탕으로 생태학적 위기 부분을 작성하는데, 마침 멕시코에서 돼지 인플루엔자가 발생해 수백 명의 사망자가 발생했다. 돼지 인플

루엔자는 미국과 캐나다로 확산되었고, 영국에서도 환자가 생기기 시작했다는 뉴스가 연일 신문과 방송의 톱을 장식했다. 그래서 돼지 인플루엔자는 기본적으로 인간의 지나친 육식 수요에 맞추기 위한 반생명적인 공장식 축산의 결과라는 오마이뉴스의 기사, 이를 고발한 영화 〈미트릭스The Meatrix〉의 한 장면, 그리고 유기농 채식으로 돼지 인플루엔자를 막을 수 있다는 〈타임스〉의 기사를 논의의 근거 자료로 추가했다.

이를 바탕으로 제1장에서는 '왜 자발적 가난을 이야기하는가'라는 문제를 제기했다. 오늘날 인류가 처한 생태학적 위기와 최근에 겪고 있는 금융 위기는 근본적으로 인간의 무책임한 행동이 빚어낸 윤리의 위기이며, 이를 해결하기 위한 생활철학으로써 '자발적 가난'을 제론한다고 이야기했다. 2장에는 가난의 개념에 대해 정리를 시도했는데, 절대적 가난, 근대화된 가난, 자발적 가난의 의미를 간략히 설명하고, 역사적으로 자발적 가난을 실천한 인물의 사례를 들었다. 3장에서는 이런 자발적 가난의 메시지를 포함하고 있는 우언 중에서 장자의 〈서무귀〉, 박지원의 〈허생〉, 이광정의 〈쥐와 고양이〉 등 세 작품을 소개했다. 마지막으로 4장에서는 자발적 가난의 실천을 위하여 제도적 차원과 개인적 차원에서 실천해야 될 과제들을 제시하고, 이러한 자발적 가난을 실천하기 위해서는 즐거운 불편을 감수할 각오가 있어야 된다는 것을 강조했다. 그리고 우리가 실천해야 할 각 부문별 아이템을 정리해서 제시하였다.

발표는 러셀 스퀘어 코너에 있는 소아스 어학원 별관 페이버Faber 빌딩 1층 FG08호 강의실에서 5시부터 한 시간 반 동안 진행되었다. 한국어 전공인 루시엔 브라운 박사, 한국사 전공인 오웬 밀러 박사, 활발한 질의를 해준 두 분의 영국인, 연재훈 소장, 유창한 영어로 사회를 맡아준 그레이스 고(소아스, 한국문학), 방문학자로 와 있는 신욱희(서울대, 외교학), 김현수(단국대, 영국사), 정초시(청주대, 경제학), 한승희(건국대, 법학), 김선미(순천대, 사회교육), 이경(한국국제대, 현대문학) 교수들, 그리고 나에게 매주 금요일 오후 '한문 강의'를 열심히 듣는 변경원, 정은선 양을 비롯한 소아스 대학원생들, 내 발표 요지를 영문으로 번역해준 UCL 대학원생이자 한문 강의 제자인 김현경 양 등 20여 명의 뜻있는 분들이 참석해 주었다.

발표가 끝나고 토론이 이어졌다. 많은 참석자들이 가난의 개념 문제, 자발적 가난을 실천하는 데 따르는 어려움, 동양과 서양에서 가난을 바라보는 시선의 차이, 인간의 욕망을 절제하는 것이 가능한가 등 여러 가지 생각해 보아야 할 문제를 던져 주었다.

세미나가 끝나고 이어진 중국 음식점에서의 만찬 자리에도 열 명이 참석해 계속 좋은 의견을 나누었다. 나에게는 큰 도움과 공부가 되는 시간이었다. 사실 소아스에서 발표를 하기로 약속하고 발제문의 영문 작성과 토론 때 의사 소통 때문에 걱정을 했었다. 하지만 다행히도 그레이스 고 교수의 탁월한 통역과 김현경 양의 훌륭한 영문 번역 덕택에 별 어려움 없이 잘 끝났다.

금요일이었던 어제(2009. 5. 22) 런던 대학 소아스 본관 4418호실에서 하루 종일 '한국사에서 영토, 국경, 변경'을 주제로 한 워크숍이 있었다. 이 워크숍은 한국학중앙연구원과 런던 대학 한국학연구소의 공동 프로젝트의 일환으로 안데쉬 칼손 교수가 기획한 것이다. 작년 7월 우리에게 1년간 집을 빌려주고 서울대 규장각의 연구교수로 출장 가 있던 칼손 교수는 이 워크숍을 위해 잠시 런던으로 돌아왔다.

발표는 10시 30분에 시작됐다. 오전에는 〈한반도를 보는 유기체적 시선과 백두산〉(배우성. 서울시립대), 〈조선 후기 북방 지역에 대한 역사적 이해〉(안데쉬 칼손, 소아스), 〈조선 시대 일본의 왜관, 대마도 인식〉(제임스 루이스, 옥스퍼드 대) 등 세 편의 논문이 발표되었다. 12시부터 시작된 점심은 복도에 차려놓은 샌드위치와 과일, 커피와 주스로 간편하게 들고, 1시 30분에 오후 회의가 속개되었다. 오후에는 〈한국사에서 국경과 변경〉(지나 반스. 소아스), 〈고려 시대 북방 변경에 대한 인식〉(렘코 브루코, 네덜란드 레이덴 대학), 〈1712년의 백두산정계비와 간도 문제의 역사적 배경〉(강석화. 경인교대), 〈한국과 일본 사이의 바다 명칭〉(이진명, 프랑스 리용3대학) 등 네 편의 논문이 발표되었다. 이어서 2시간 동안 토론이 진행되었다.

역사적으로 영토와 국경 문제를 다룬다고 했지만, 고구려 발해 등 북방 지역의 영토와 동해 표기 같은 문제는 정치적으로 민감한 현재 진행형의 이슈이기도 하다. 워크숍은 긴장감이 감돌았고, 나도 예민한 관심을 가지고 어떤 논의가 이루어지는지 끝까지 지켜보았다.

개인적으로는 한반도를 '용맹한 호랑이'라고 바라보는 시선이 조선 명종 때의 풍수지리학자 남사고(南師古)에 의해 비롯되어 일제 시대 독립을 바라는 한국인들에 의해 더욱 강화되었다는 배우성 교수의 발표내용이 재미있었다. 그러나 참석자들의 주 관심은 역시 고구려, 발해의 주권과 영토에 관련된 한반도 북방경계에 대한 문제였다.

안데쉬 칼손 교수는 조선 후기 지식인들이 한반도와 북쪽 부속 지역의 역사를 기록할 때 '동사(東史)'나 '동국사(東國史)'라며 발해를 한국사에 포함시키지만, 발해국을 세운 말갈을 '우리us'라고 하지 않고 '그들they'이라고 부르는 모순된 역사관을 보인다고 지적하였다.

지나 반스 선생은 고구려의 영토적 통합성을 존중해야 한다고 한 동북아역사재단의 김용덕 이사장의 견해와 고구려의 모든 영토를 자기의 지방정권이라고 우기는 중국 국수주의자들의 주장, 양쪽에 의문을 제기했다. 그러면서 최근 고구려의 문화유산을 평양의 것과 집안의 것으로 나누어 사이트를 개설한 유네스코UNESCO의 방식이 합리적인 해결책이라고 마무리하였다.

프랑스 리용3대학의 이진명 교수는 서양 지도에 나타난 동해 명칭에 관한 기록이 대개 동양해17세기, 조선해18세기, 일본해19~20세기, 동해/일본해(21세기초)로 되어 있다면서, 현 시점에서는 한반도에 관한 지도에서는 '동해'로,

한국과 일본을 함께 나타내는 지도에는 '동해East Sea/일본해Sea of Japan'로 병기하는 것이 바람직하다고 제의했다. 또한 동양해(東洋海), 청해(靑海), 경해(鯨海) 같은 중립적인 명칭의 사용도 검토할 만하다고 하였다.

국내에서는 고구려와 발해는 우리의 고토(古土)이고, 한국과 일본 사이의 바다는 당연히 '동해'라는 것이 자명한 사실처럼 인식된다. 하지만 국제 학술회의에서는 우리나라의 입장도 하나의 관점으로 간주되며, 이러한 주장이 어떤 역사적 근거와 실증적인 사실에 의해 뒷받침되고 합리적인 설득력을 갖고 있는지를 따진다.

이번 워크숍을 통해서 고구려와 발해를 각기 자국사에 편입시키려는 한국과 중국의 노력이 모두 '국수주의적인Nationalistic' 것으로 평가됨을 알 수 있었다. 또한 동해의 명칭 문제에 대해서도 일본이 막강한 경제력을 바탕으로 세계 유수 대학과 세계 기구에 영향력을 행사한다는 것을 다시 한 번 절실하게 확인하였다.

나는 토론시간에 21세기 글로벌 시대에 19~20세기에 형성된 민족 국가nation-state의 개념으로 과거의 역사를 바라보고, 오늘날의 정치적 목적을 위해 과거를 재구성하는 것은 '의도의 오류intentional fallacy'를 범할 가능성이 있다고 지적하였다. 그러나 내가 서 있는 자리가 '21세기 한반도'이기 때문에 한국의 입장을 세계인들에게 합리적으로 설득할 수 있는 학문 연구와 논리적 뒷받침이 부족함을 통감했다. 앞으로 한국학 연구를 세계적인 수준으로 끌어올리기 위해서는 국내에서의 학문적 노력과 함께, 차세대의 한국학 학자들에게 해외 유학의 기회를 제공해야겠다는 생각을 할 수밖에 없었다.

#6. 한문 강의를
종강하던 날의
기쁨과 슬픔

영국으로 떠나오기 전에 나는 학교에서 학장 일을 하느라 바쁜 나날을 보냈다. 때문에 런던 대학에서의 1년은 말 그대로 '안식년'을 보내고 싶었다. 그래서 작년 가을 학기에는 런던 시내의 박물관과 미술관 등 명소를 돌아보고, 전공이 아닌 한국 미술사 강의를 청강하면서 여유롭게 보냈다.

그러다가 샬럿 홀릭 선생의 미술사 수업 시간에 한문으로 된 그림 제목과 자료를 해석한 일로 내 전공이 알려졌다. 그 일 때문에 나는 이곳 소아스에서도 '한문 강의'를 하게 되었다. 자유가 주어진 안식년에 매주 강의를 한다는 것이 부담스러운 것은 사실이었다. 하지만 한국 미술사를 연구하는 데 필수적인 한문을 공부하겠다는 대학원생들의 요청을 거절할 수 없었다. 게다가 이곳 젊은이들과 같이 공부하는 것도 즐거운 일이겠다는 생각이 들었다. 결국 나는 봄 학기인 2월 6일 첫 강의를 시작했다.

처음에는 소아스 대학원생인 변경원 양과 정은선 양, UCLUniversity College London 대학원생인 김현경 양, 이렇게 세 명과 함께 매주 금요일 오후 3시 20분부터 5시까지 메인 빌딩 375호의 방문학자 연구실에서 오붓하게 공부를 시작했다. 그러다가 2월 말 장식예술 워크숍에 참석했던 이영부 서양화가와 김순영 박사가 합류하면서 수강 인원도 다섯 명으로 늘었다. 부

마지막 한문 강의 모습. 왼쪽부터 차례로 정은선 양, 변경원 양, 김순영 박사, 나, 이영부 화가, 김현경 양.

활절 방학 때 한국에 갔던 정은선 양이 책도 사가지고 오자 우리 강의는 정규 대학원 강의 못지않은 규모를 갖추었다.

〈도는 자연을 본받고〉를 끝으로 12강을 마친 런던 대학에서의 한문 강의는 매우 즐겁고 보람이 있었다. 같은 책이라고 하더라도 그것을 읽는 시대와 사회적 배경에 따라 다르게 해석되며, 강의를 듣는 학생들의 관심과 열의에 따라 강의내용이 달라진다는 것을 이번에 다시 한 번 실감했다.

처음 이 강의를 청한 변경원 양은 삼성SAMSUNG 영국지사에 근무하다가 대학원에 진학하여 다른 대학원생들보다 몇 년 늦게 공부를 시작했지만, 공부에 매우 의욕적이었다. 정은선 양은 캐나다에서 공부를 한 후 이곳에 와서 미술사를 전공한 경우로, 미술사에 매우 뛰어난 센스를 가지고 있다.

또한 중학교 때 영국에 온 UCL의 김현경 양은 서양사회를 전공하면서도 한국 미술사 수업 발표를 훌륭하게 했다. 이 학생들은 나에게 많은 지적 자극을 주었다.

프랑스에서 5년여간 미술을 공부하고 창작활동 중인 이영부 화가는 부군인 서울대 외교학과 신욱희 교수와 같이 2월에 런던 대학에 왔다. 최근 캘리그래피에 관심이 많아 한문을 같이 공부하게 된 경우다. 또한 서울대에서 한국복식사로 학위를 받고 RCA와 빅토리아 앤드 앨버트 뮤지엄의 방문연구원으로 온 김순영 박사는 2월 말에 있었던 민화 민속예술 워크숍에 발표를 하러 왔다가 한문 공부 소식을 듣고 자발적으로 합류했다. 김 박사는 2005년 서울대학교 출판부에서 조선 시대 복색(服色)에 대한 책을 출간한 바 있는 이 분야의 촉망받는 소장 학자이다.

원래 계획에는 없었지만 총명하고 훌륭한 학인들과 한문을 공부하며 세상 이야기를 나누는 것은 내게 큰 즐거움이었다. 지난 10개월 동안 나는 매주 금요일이 가장 바쁜 날이었다. 오전에는 샬럿 홀릭 선생으로부터 한국 미술사 수업을 듣고, 오후에는 이 다섯 명의 학인들과 '한문 강의'를 공부했다. 또한 격주 금요일 저녁에는 한국학연구소 세미나를 했다.

그런데 한국 미술사 마지막 수업을 케임브리지에 가서 피츠윌리엄 박물관에 소장된 고려 청자를 감상하기로 되어 있어, 하루를 당겨 목요일에 하였다. 날짜를 잘 바꾼 것 같다. 노무현 전 대통령의 장례식이 금요일(2009년 5월 29일)에 있었기 때문이다.

한국에서 있었던 자락서당 특강이나 인하 교육가족을 위한 한문 교양 강좌와 마찬가지로 소아스에서도 열두 번의 강의를 무료로 했다. 그랬더니 대학원생들은 과일로 장식한 먹음직한 케이크을 준비했고, 김순영 박사는 천연 염료를 써서 무좀에 좋은 양말을 선물로 주었다. 이영부 화가는 '물주'인 신욱희 교수를 모셔와 대영박물관 앞 골목에 있는 비원에서 우리들에게 맛있는 저녁을 대접했다.

고맙고 흐뭇했지만, 오래 즐거운 시간을 가질 수가 없었다. 내 마음은 온통 억울하게 세상을 떠난 그분에게 가 있었기 때문이다. 그래서 나는 노무현 전 대통령의 장례식을 하루 앞두고, 이곳 런던의 뜻있는 몇 분들이 마련한 조촐한 추모 모임에 참가하기로 했다. 저녁 8시부터 열리는 모임 때문에 서둘러 식사를 끝내고 기차를 타고 뉴멀든의 한인회관으로 향했다. 그곳에는 국내의 추모 물결과 마찬가지로 노 대통령의 서거를 진심으로 슬퍼하며 눈물을 흘리는 동포들이 기다리고 있었다.

#7. 기행문학
워크숍

이번 주 월요일(2009. 6. 15)에는 런던 대학 소아스 한국학연구소가 주최하는 2008~2009학년도 3학기 마지막 학술행사가 브르나이 갤러리 빌딩 102호에서 있었다. 주제는 '기행문학에 나타난 타자 인식'으로, 18세기부터 20세기 초반까지 한국과 영국의 기행문학에 나타난 중국과 조선의 이미지들을 검토하는 것이었다.

국내 학계에서도 최근 전근대 시대에 이루어진 국제 교류와 해외 체험의 기록에 대한 관심이 고조되고 있다. 우리나라 최초의 여행기록인 혜초의 《왕오천축국전》이 재조명되었고, 이슬람 문명권 여행문학의 고전인 《이븐 바 투타 여행기》도 소개됐다. 국문학 분야에서도 박지원의 《열하일기》와 신유한의 《해유록》을 비롯해서 중국과 일본을 다녀온 사신이나 수행원들의 여행기록인 《연행록》과 《해행총재》가 대대적으로 정리되는가 하면, 활발한 연구도 진행되고 있다.

그저께 열린 기행문학 워크숍은 소아스 한국학과의 그레이스 고 선생과 한국학중앙연구원의 조융희, 신익철 선생, 고려대의 이형대 선생이 그동안 공동 연구한 기행문학의 성과를 다른 분야의 학자들과 같이 논의하는 학술모임이었다. 먼저 그레이스 고 선생이 이 과제의 의의와 연구과정에 대해 개략적으로 설명했다.

패널1에서는 신익철 선생이 이기지의 《일암연기》, 홍대용의 《을병연행록》, 강호부의 《상봉록》을 가지고 조선 후기 지식인이 북경에서 경험하게 된 기독교와 서양문물과의 만남에 대해서 발표를 했다. 이후 피터 코르니키(Peter Kornicki, 케임브리지 대 동아시아학과 일본문학)와 스티븐 스페르(Stephen Sperl, 소아스 아랍학과) 선생의 토론이 있었다. 패널2에서는 조융희 선생이 C.W. 캠벨이 1889년 북한 지역의 백두산과 금강산을 방문한 기록을 연구한 성과를 보고하고, 소아스에서 아랍 문학을 강의하는 웬친 우양Wen-Chin Ouyang 선생과 일본 문학을 연구하는 스티븐 도드Stephen Dodd 선생이 토론했다.

오후에 속개된 패널3에서는 고려대의 이형대 선생이 19세기 말 지식인의 서구 문명에 대한 인식태도를 세 유형으로 나누어, 서구 문명을 내재화하려 한 윤치호와 민영환, 객관적으로 성찰하려고 한 유길준, 동양적 토대 위에서 서구 문명을 수용하려 한 이종응의 저작들을 분석한 논문을 발표했다. 이어서 케임브리지 대에서 한국 현대사상사를 연구하는 마이클 신 선생과 소아스에서 아프리카 문학을 강의하는 카이 이스턴Kai Easton 선생의 토론이 있었다.

마지막 패널4에서는 이 학술회의를 기획하고 발표와 통역까지 담당한 그레이스 고 선생이 18~19세기 영국인 존 그린John Green, 윌리엄 브로우턴William R. Broughton, 바질 홀Basil Hall, 존 리드John M. Lead 등의 한국 기행 저작을 연구한 발제를 하고, 소아스에서 일본사를 연구하는 앵거스 로키어Angus Lockyer 선생과 인도 문학을 강의하는 프란체스카 오르시니Francesca Orsini 선생의 토론이 있었다.

기행문학 워크숍의
종합토론

　　오후 5시에 네 패널의 발표와 토론이 끝나고, 종합 토론을 벌였
다. 사회는 소아스 중동학과 아이만 엘드수키Ayman El-Desouky 선생이었다.

　　워크숍은 여러모로 의미 깊었다. 우선 국내 중진학자들과 해외 한국 문
학 연구자가 협력해서 한국과 영국의 여행기록을 검토한 후, 전근대 시기
의 지식인들이 타자와 다른 나라의 문물을 어떻게 인식하였는지를 해명하
려 했다는 문제의식이 시의적절했다. 또한 한국 문학 연구자들의 성과를
영국에서 연구 중인 일본, 중동, 아프리카, 인도 문학 연구자들이나 역사
학자들과 같이 논의하여 연구방법이나 시야를 확대하였다는 점에서도 큰
의미가 있는 모임이었다.

　　신익철 선생과 이형대 선생의 심도 있는 연구는 영국 학자들에게도 깊
은 인상을 주었다. 한국학중앙연구원의 해외 한국학과 교수답게 영어로
발표와 토론을 진행한 조융희 선생은 이미 국제적 학자의 수준에 올라 있
었으며, 소아스에서 워크숍을 주최하면서 훌륭한 토론자를 섭외하고 발
표, 통역, 진행 모두를 완벽하게 수행한 그레이스 고 선생은 '능력'을 유
감없이 보여 주었다.

　　런던 대학 소아스 한국학과에는 매년 학년 초에 학생들과 교수들이 함께 인사를 나누는 개강파티가 있고, 연말이나 학년 말 즈음해서는 교수들끼리 단합대회를 갖는 전통이 있다. 학년 초에 있는 개강파티가 새로 입학한 신입생을 환영하고 긴 방학 동안 헤어져 있던 친구와 선생들이 다시 만나는 기회라고 한다면, 학년 말에 있는 교수들의 모임은 친목을 다지는 성격이 짙다고 하겠다.

　　맹자가 '천시(天時)는 지리(地利)만 못하고 지리는 인화(人和)만 못하다' 라고 하였지만, 사람이 모여 사는 사회에서 서로를 존경하고 신뢰하면서 협력하는 분위기를 조성하는 것은 매우 중요하다. 합리적 개인주의가 정착된 영국 대학에서는 교수의 독자적인 연구와 전문적 자율성에 입각한 교육을 중시한다. 하지만 역시 교수와 학생, 교수와 교수, 상호 간의 원만한 인간관계는 교육의 효율성을 높이고 집중적인 연구를 하는 밑바탕이 된다.

　　한국학과 학과장 겸 한국학연구소 소장인 연재훈 선생의 서비턴 집에서 열린 와인 파티는 소아스 한국학과 특유의 끈끈한 연대와 정감 넘치는 분위기를 체험할 수 있는 좋은 기회였다.

　　5월 둘째 주 토요일, 연 선생은 학과 교수와 연구소 간사, 방문학자들

내외를 모두 초대했다. 샬럿 홀릭 선생 내외, 그레이스 고 선생과 아이만 엘드수키 선생(소아스 중동학과 교수), 루시엔 브라운 박사 부부, 정초시 선생 내외, 신욱희 선생 내외, 한상희 선생 내외, 김현수, 김선미, 이희재 선생, 그리고 우리 부부 등 20여 명이 각자 특색 있는 먹을거리와 와인을 지참하고 참석했다.

연 선생 부인이 정성껏 준비한 요리와 각자 가져온 한국음식을 펼쳐놓으니 호텔 뷔페에 못지않은 다채로운 디너가 되었다. 우리 방문교수들은 정원의 잔디밭에 상을 펼쳐놓고 둘러앉았고, 바닥에 앉는 것이 익숙지 않은 외국 사람들은 테이블에 모여 앉았다. 오랜만에 쌀밥과 된장찌개, 호박전과 잡채, 새우튀김과 돼지머리 고기 등 한국음식과 와인을 함께 먹으니 더욱 맛있었다. 춥지도 덥지도 않은 늦은 봄날 저녁, 한국학을 연구하는 사람들이 모여 저녁식사를 하며 술잔을 나누는 것은 큰 기쁨이었다.

이런 편안한 분위기 속에서 런던 대학의 학사 운영, 다문화교육 발표에 대한 소회, 영국의 역사와 현재, 한국의 위치와 최근 상황 등에 대해 이런저런 이야기를 나누다 보니 빈 술병이 꽤 늘어났다. 이렇게 어느 정도 시간을 보내고, 이윽고 연 선생의 큰딸인 어진 양이 근처에서 노래방 기기를 빌려와 거실에 설치했다. 그리고 이번에 소아스에 입학하기로 한 친구 두 명과 먼저 노래를 부르며 분위기를 돋우었다.

사람이 즐겁고 기분이 좋을 때 노래를 부르고 춤을 추는 것은 매우 자연스러운 일이다. 이 자리에서 나이가 제일 많은 내가 이런 즐거운 분위기를 '업' 시키기 위해 나섰다. 옆에 있던 신 선생과 어깨동무를 하며 정말 오랜만에 〈별처럼 아름다운 사랑이여〉를 같이 부르자, 집 주인인 연 선생은 한

국학과 학과장답게 〈독도는 우리 땅〉을 열창했다. 이어서 재미

있는 제스처를 하면서 〈저 푸른 초원 위에〉까지 신바람 나게 불렀다. 분위

기가 무르익자 모두 돌아가며 한 곡조씩 뽑았다.

그런데 우리 한국 사람만 노래 부르기를 좋아하는 것은 아니었다. 루시

엔 브라운 박사 부부는 내가 잘 알지 못하는 최신 한국노래를 불렀다. 샬

럿 홀릭 선생 부부는 영어노래를 부른 후 흥이 났는지 부부가 일어나 반주

에 맞추어 춤을 추기까지 했다.

2000년 북경에 있을 때에도 베이징런들이 저녁을 먹고 공원이나 길모

퉁이 광장에 나와 춤을 추는 광경을 자주 보았다. 그들처럼 영국 사람들도

춤추는 것을 매우 즐기는 것 같다. BBC에도 매주 춤 경연을 하는 프로그

램이 있고, 결혼식 후에 열리는 피로연에서도 춤을 춘다고 한다. 2년 전에

열렸던 유럽한국학회의 마지막 날에도 만찬 후 춤을 추며 친교를 다졌다

는 이야기를 들었다. 이날 파티에 참석한 모든 사람들이 환호성을 지르며

손뼉을 치는 것을 보면, 역시 파티의 꽃은 춤이 아닐까.

제4부

영국 대학의 안과 밖

e sky above a broken
soft puffs with a yell
saw the flash th
all dist

a bombardm
uns were fi

Britain

1. 옥스퍼드 대학의 자전거

한국 사람들이 영국에 오면 꼭 찾아가는 곳이 옥스퍼드이다. 중세의 전통이 고스란히 남아 있는 대학도시를 살펴보겠다는 목적도 있겠지만, 우리나라 사람들의 자녀교육에 대한 특별한 관심과 명문대학을 숭상하는 학벌지상주의도 은근히 발길을 옥스퍼드로 향하게 하는 이유인 것 같다.

영국에 오기 전에 많은 사람들이 나에게 옥스퍼드 이야기를 들려주었지만, 나는 그 유명한 대학도시에 서둘러 가고 싶지는 않았다. 아마도 학벌주의의 폐해를 고발한 전남대 철학과 김상봉 선생의 《학벌사회》가 나에게 영향을 주었기 때문인지도 모르겠다.

그러나 옥스퍼드에 서둘러 가지 않겠다는 나의 다짐은 젊은 친구의 갑작스런 방문으로 쉽게 무너졌다. 강원대 재직 시절 우리 가족은 춘천 후평동의 조그마한 주공아파트에 살았는데, 바로 윗집에 살던 소년이 KAIST 연구원이 되어 런던을 방문한 것이다. 그는 런던 대학에서 개최되는 저온물리학회 국제학술회의에 논문을 발표하러 왔는데, 그 김에 우리 집에 며칠 머물게 되었다. 그리고 그 친구가 제일 먼저 가보고 싶어 한 곳이 바로 옥스퍼드였다.

겨우 29세로 미국 시카고대학에서 박사학위를 마친 최형순 박사는 18

옥스퍼드의 크라이스트처치 칼리지

년 전 초등학교에 다닐 때, 옥스퍼드 대학에 교환교수로 나온 아버지 고 최종천 교수(강원대 삼림경영학과)를 따라 1년간 옥스퍼드 역 근처에서 살았다고 한다. 그래서 우리 가족도 갑작스레 최 박사의 옥스퍼드 추억여행에 동참하였다.

아침 일찍 아내가 싼 도시락과 따뜻하게 끓인 차를 가방에 넣고 패딩턴 역으로 갔다. 런던의 북쪽으로 출발하는 기차의 시발역인 패딩턴 역에서 기차를 탄 지 한 시간 만에 옥스퍼드 역에 도착했다.

우리는 먼저 최 박사 가족이 살던 집을 찾아가 보았다. 최형순 박사는 18년이란 세월이 흘렀지만 집이 그대로이고, 모퉁이의 구멍가게도 크게

변하지 않았다고 한다. 그가 이곳에 산 지 얼마 되지 않았을 때 아버지의 심부름으로 술을 사러 갔다가 소년에게 술을 팔 수 없다는 말을 듣고 되돌아갔던 사연을 이야기하며 웃었다.

우리는 부슬부슬 내리는 비를 맞으며 퀸 스트리트의 완만한 언덕길을 따라 걸었다. 오른쪽에 있는 옥스퍼드 성곽을 둘러보고, 1525년에 설립되어 13명의 수상을 배출했다고 하는 크라이스트처치 칼리지를 찾아갔다.

이어서 우리는 550만 권의 장서를 자랑하는 보들리언 도서관Bodleian Library을 찾았다. ㅁ자형으로 지어진 도서관의 고풍스런 모습과 문 위에 새겨진 다채로운 문장이 전통과 권위를 대변해 준다. 마침 그날 저녁에는 도서관 안 광장에 연극 공연을 위한 무대가 설치되고 있었다. 학생들이 도서관에서 공부만 하는 것이 아니라 조정, 럭비 같은 스포츠 활동과 연극, 연주 등 문화 활동도 다채롭게 하고 있는 현장을 목격한 것이다.

옥스퍼드 대학의 특징은 크라이스트처치 칼리지를 비롯해 트리니티 칼리지, 모들린 칼리지, 세인트 존스 칼리지 등 39개의 칼리지로 구성되어 있다는 점이다. 학생들은 낮에 소속 학과나 연구소에서 각자 전공 공부를 하다가도 오후 늦게부터는 다양한 클럽 활동을 하고, 밤에는 칼리지별로 진행되는 각종 세미나와 행사에 참여한다. 다양한 만남과 학제 간의 교류를 통해 폭넓은 식견과 인격을 갖추도록 제도적으로 뒷받침하고 있다.

최근 한국 대학이 전문가 양성과 실용교육에 매달리느라 전인교육을 방치하고 있는 것과는 달리 옥스퍼드 대학은 학문 연마와 인격 도야라는 대학 본래의 사명을 고수하고 있는 것으로 보였다. 그래서 교수나 학생들은 자가용을 몰고 바쁘게 돌아다니지 않고, 자전거를 즐겨 탄다. 보다 여유

옥스퍼드 대학의 자전거

있게 다니며, 잘 조성된 잔디밭과 숲길을 산책하는 것을 좋아하
는 것이다.

차가 없는 캠퍼스는 나의 꿈이다. 자전거를 타고 다니는 대학인들의 건
강한 모습과 옥스퍼드 대학가에 세워져 있는 자전거는 나에게는 고색창연
한 대학건물과 함께 아름다운 풍경으로 다가왔다.

수십 개의 칼리지를 중심으로 형성된 대학촌인 옥스퍼드의 자전거는 검
소하고 소박한 대학인의 상징이다. 나는 그 모습을 보면서 2000년 북경대
학 연구년 시절에 보았던 자전거 물결, 일본에서 열린 우언문학국제학술
대회 때 보았던 교토 대학 구내에 줄지어 서 있던 자전거들, 그리고 런던
대학 구내의 자전거들을 연상했다.

화려하고 편리한 것을 멀리 하고 자발적으로 가난한 생활을 즐기는 것
은 동서고금의 학인들에게 공통된 것은 아닐까 생각하며, 옥스퍼드의 가
난한 학생들이 즐겨 들린다는 펍을 찾아 생맥주 한 잔에 옥스퍼드 대학가
의 낭만을 조금이나마 맛보았다.

한국 사람들이 영국에 오면 꼭 찾아가는 곳이 옥스퍼드이다. 중세의 전통이 고스란히 남아 있는 대학도시를 살펴보겠다는 목적도 있겠지만, 우리나라 사람들의 자녀교육에 대한 특별한 관심과 명문대학을 숭상하는 학벌지상주의도 은근히 발길을 옥스퍼드로 향하게 하는 것인 것 같다.

#2. 런던 대학의
미술사 현장 강의

밀린 원고를 끝내고 홀가분하게 어디를 좀 다녀왔으면 하는 마음이 있던 차에 벨기에의 수도 브뤼셀을 다녀올 기회가 생겼다. 샬럿 홀릭 교수의 한국 미술사 강의를 브뤼셀에서 개최되는 한국미술특별전 〈부처님의 미소The Smile of Buddha〉를 보면서 진행하기로 했기 때문이다.

아침 일찍 런던 판크라스 역에서 유로스타를 타고 브뤼셀로 향했다. 런던에서 파리까지 2시간 40분이 걸리는데, 벨기에 브뤼셀까지는 더 가까워 2시간 20분밖에 걸리지 않았다. 유럽연합 나라들 간의 여행은 마치 서울에서 대구를 다녀오는 기분이 들 정도로 당일 여행이라도 부담이 없고 편리하다.

유럽연합 본부가 있는 브뤼셀의 보잘BOZAL 미술관에서 개최되는 〈부처님의 미소〉 전은 2008년 10월부터 내년 2월 말까지 열리는 코리아 페스티벌Korea Festival의 일환으로 개최되는 것이다. 이 행사는 한국의 미술, 문학과 영화, 춤과 소리 같은 우리 고유의 문화예술을 유럽에 알리기 위한 것이다. 시인 고은, 소설가 황석영과 함께 하는 '한국문학의 밤'(2008. 11. 5), 이창동, 김기덕, 박찬욱 감독이 만든 영화를 소개하는 한국영화 축제(2009. 2), 백남준의 비디오아트 전, 김수자의 연등(蓮燈) 설치미술, 배병우의 소나무 사

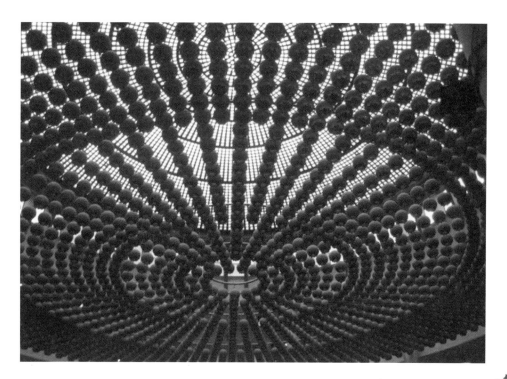

진전 등 다양한 행사가 포함되어 있다.

유로스타의 종착역인 브뤼셀 남역Gare De Midi에 내리니 진눈깨비가 내렸다. 그렇지만 젊은(학생들은 물론 젊지만 우리 선생들도 마음은 항상 젊다) 우리 여덟 명의 SOAS 공부꾼들은 지하철이나 버스 타기를 거부했다. 눈비가 오는 차가운 날씨를 아랑곳하지 않고 30여 분 걸어 전시회가 열리는 보잘 미술관으로 향했다.

미술관으로 올라가는 통로 천정에는 수백 개의 붉은 연꽃등을 방사선 모양으로 수놓은 김수자의 연등 작품이 설치되어 있었는데, 동양적이고 환상적인 분위기를 자아내었다. 통로를 다 올라가자 드디어 보잘 미술관이 나타났다. 미술관 꼭대기에는 태극기가 펄럭였고, 입구에는 〈부처님의 미소〉전을 알리는 포스터가 붙어 있었다.

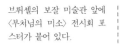

　　미술관 입장료는 성인이 9유로지만, 학생은 1유로, 교사와
교수는 3.5유로여서 들어갈 때부터 기분이 좋았다.

　　전시실로 들어가는 오른쪽에는 백남준의 TV 모니터를 쌓아놓은 비디오
아트 작품이 설치되어 있었고, 정면에는 경주 석굴암에 있는 불상을 실제
크기로 재현한 모형을 전시하고 있었다. 경주 석굴암의 불상처럼 그 부처
님도 여전히 미소를 머금으며 우리에게 자비로운 눈길을 보내고 있었다.

　　이번에 열린 〈부처님의 미소〉 전에는 명상에 잠긴 부처님의 반가좌상을
비롯하여 국립박물관이 소장한 불교 관련 작품들이 많이 전시되었다. 우
리 수강생들은 샬럿 홀릭 교수로부터 통일신라 시대부터 조선 시대에 이
르는 불상들의 특징에 대해 해박하고도 자상한 설명을 들었다. 비슷해 보
이는 불상들에도 각 시대의 독특한 미의식과 세계관이 투영되어 있다는
샬럿 교수의 전문적인 해설을 듣다 보니 어느덧 겨울 일몰시간인 오후 4
시가 넘었다.

　　샬럿 교수와 다섯 명의 대학원생들은 모처럼 대면한 한국 미술품에 심

취해 떠날 생각이 없는 것 같았다. 그래서 나는 같이 온 동료 방문학자 김선미 선생과 먼저 미술관을 나왔다. 날이 더 어두워지기 전에 브뤼셀 시내를 돌아보기 위해서였다.

브뤼셀의 동쪽 고지대에는 왕궁과 관청, 루아얄 광장과 고급 주택이 들어서 있고, 서쪽 저지대에는 상업지구로 대부분의 볼거리가 집중되어 있다. 그래서 관광명소가 모여 있는 서쪽 중심부의 그랑 플라스La Grand Place로 갔다. 빅토르 위고가 세계에서 가장 아름다운 광장이라고 격찬한 그랑 플라스에는 매일 아침 꽃시장이 열린다고 한다. 하지만 날이 어두워지고 눈비가 뿌려서 그런지 아름답다는 느낌보다는 건물들이 참 재미있게 들어섰구나 하는 생각이 들었다.

96미터 높이의 첨탑이 이채로운 고딕 양식의 시청사는 1695년 프랑스의 침공에도 용케 살아남았다고 한다. 무엇보다 내 관심을 끈 것은 15~16세기 벨기에가 왕성한 무역활동을 할 당시 빵, 정육점, 염색, 목공, 잡화 등의 일을 하던 사람들이 동업자 조합, 곧 길드를 만들어 활동하던 길드 하우스였다. 지금은 이곳에 고급 레스토랑과 맥주 박물관이 들어서 있었다.

나는 근처 가게에서 유명한 벨기에 초콜릿과 오줌 싸는 소년상이 조각된 티스푼을 기념품으로 샀다. 그리고 지친 다리와 차가워진 몸도 녹일 겸 맥주 하우스로 향했다. 그곳에서 종업원이 권하는 벨기에산 맥주를 마시며, 작지만 유럽의 중심이 된 벨기에란 나라에 대해 이모저모 생각했다.

#3. 런던 대학
가을 학기 종강

    런던의 대학들은 여름방학이 긴 대신 겨울방학은 3주밖에 되지 않는다. 크리스마스와 연말연시를 가족과 보내라는 의미일지도 모르겠다. 내가 몸담고 있는 소아스 역시 2008년 12월 15일부터 2009년 1월 4일까지 방학을 하고, 1월 5일에 2학기가 시작되어 부활절까지 계속될 예정이다.

    지난 9월 말부터 이어진 1학기 동안 나는 SOAS 객원연구실에 일주일에 두세 번 나갔고, 금요일에는 11시부터 두 시간 동안은 샬럿 홀릭 선생의 한국 미술사 대학원 강의를 청강했다. 또 격주 금요일 오후에 열린 한국학 연구소 세미나에 참석하였다.

    이번 학기에 개최된 한국학 연구 세미나 SOAS Centre of Korean Studies Seminar Series 의 주제와 발표자는 다채로웠다. 〈동아시아 국가사회주의의 변화-북한의 경우〉(루디거 프랑크, 빈 대학), 〈영국과 한국의 광고에 등장하는 노인 이미지〉(캐서린 윤, 동런던 대학), 황우석 사건을 다룬 〈Korean Scandal〉(제갈춘기, 카디프 대학), 근대 이전 한국 자본주의의 맹아를 밝히기 위한 〈개성상인의 복식부기〉(제임스 루이스, 옥스퍼드 대학), 〈한국의 대중문화〉(김신동, 파리 정치대학) 등 모두 흥미로운 주제들이 었고, 매번 20~30명의 학자들과 대학원생들이 모이곤 했다.

    나는 이 다섯 차례의 한국학연구소 세미나에 한 번도 빠지지 않고 참석했다. 영어로 진행되는 발표와 토론을 인내심을 가지고 들은 후, 당당하게, 혹은 좀 뻔뻔하게 한국어로 질문을 하면서 토론에 참석하였다.

한국학 관계 국제 세미나는 원래 영어나 한국어 두 가지 중에 하나로 하는 것이 관례이기도 하고, 소아스 일본학과와 중국학과의 경우 강의도 일본어와 중국어로 하는 것을 보았다. 때문에 나는 조금도 주저하지 않고 한국 고전문학 연구자답게 토종 우리말을 애용한 것이다.

이번 학기에 청강한 샬럿 홀릭 선생의 한국 미술사 강의는 자칫 단조로울 뻔한 소아스에서의 연구생활에 활기를 불어넣어 주었다. 덴마크 출신인 샬럿 홀릭 선생은 소아스에서 미술사로 박사학위를 취득했다. 그 후 빅토리아 앤드 앨버트 뮤지엄(이하 V&A)의 학예관으로 6년 동안 근무하면서 한국 미술작품의 연구와 전시기획에 종사하다가, 몇 년 전에 모교 소아스에 교수로 부임했다.

이번 학기에는 우리나라 고분에서 발굴된 유물과 고구려 무덤 벽화를 비롯하여 삼국 시대의 미술, 고려 청자와 조선 백자의 아름다움에 대해 집중적으로 강의했다. V&A에서의 실무경험과 한국의 국립중앙박물관에서의 현장연구가 밑바탕이 되어서인지 작품에 대한 감식안과 해석이 탁월했다. 수업은 많은 자료를 활용하여 대학원생들의 다양한 해석을 유도하는 방식으로 진행했고, 강의실에서 언급하는 미술품들을 미술관에 직접 가서 확인하고 만져 보는 현장학습을 병행했다. 이런 모습은 한국의 경우와 사뭇 달라 매우 신선한 자극이 되었다. 미술사를 공부하는 학생들이 책이나 사진으로 봐서는 그 미술작품을 제대로 이해하기가 어렵다. 그러나 우리나라는 아직까지 인쇄된 그림도판을 보거나 영상자료를 구경하는 것에 그

치는 경우가 많고, 때문에 그 작품을 제대로 '실감'하기가 어려운 게 사실이다. 특히 V&A에서 고려 청자를 직접 만져 보고 그 색깔과 문양, 무게와 질감, 겉과 안, 위와 아래를 두루 감상할 수 있도록 한 것은 학생들에게 중요한 체험이 된 것 같다. 나도 물론 이런 문화재를 여러 번 보기는 했지만, 그것을 직접 만지며 질감을 느낀 것은 처음이었다.

이번 학기 샬럿 선생의 강의를 들으며 많은 것을 느꼈다. 특히 우리나라 대학의 강의 수준도 많이 향상된 것이 사실이지만, 좀 더 학생들의 흥미를 유발하고 지적 호기심을 자극하는 방향으로 개선될 필요가 있다고 생각했다. 돌아가면 우선 나의 한국 고전문학사 강의부터 변화를 모색해야 되지 않을까 생각한다.

영국을 대표하는 대학은 우리가 잘 알고 있듯이 옥스퍼드와 케임브리지 이다. 내가 연구년을 보내고 있는 런던 대학도 비교적 쉽게 고급 정보에 접근할 수 있는 장점을 가지고 있지만, 아무래도 '옥스브리지'(옥스퍼드와 케임브리지의 줄임말)의 명성에는 미치지 못한다. 지난해(2008) 8월 옥스퍼드 대학을 둘러보며 그 유구한 역사와 전통에 감탄한 바 있는데, 올해(2009) 800주년 을 맞이하는 케임브리지 대학을 갈 기회가 생겼다. 케임브리지 대학 동아 시아학과와 로빈슨 칼리지Robinson College의 교수로 있는 마이클 신 선생이 나를 초청했기 때문이다.

마이클 신(신동준) 선생은 재미교포 2세로 미국 뉴욕에서 태어나 하버드 대학을 졸업하고, 버클리 대학에서 석사학위를 취득했다. 시카고 대학 대 학원 박사과정에서 《한국전쟁의 기원》이라는 저서로 유명한 브루스 커밍 스 교수의 지도로 박사학위를 받은 후, 미국 코넬 대학 교수로 재직했다. 그러다 작년 케임브리지 대학 동아시아학과의 교수로 초빙된 촉망받는 한 국 현대사 학자이다. 현재 케임브리지 대학에는 《쾌도난마 한국경제》, 《나 쁜 사마리아인들》이라는 책으로 유명한 장하준 교수가 경제학과에 있지 만, 한국인 교수는 그리 많지 않다고 한다.

케임브리지 목요 세미나가
진행된 다윈 칼리지

내 발표는 저녁 7시(2009. 1. 22)에 시작된다. 하지만 케임브리지에 가는 김에 유서 깊은 대학 건물들과 캠퍼스를 살펴보기 위해 킹스크로스 역에서 2시 반쯤 출발했다. 김선미 선생도 케임브리지 대학에 가보고 싶다고 하여 동행했다. 우리 일행은 한 시간 만인 3시 반쯤 케임브리지 역에 도착했다. 5시에 로빈슨 칼리지에 있는 마이클 신 선생을 만나기로 약속했기 때문에, 먼저 케임브리지의 31개 칼리지 중에 가장 고풍스러운 모습을 간직하고 있는 킹스 칼리지를 찾아갔다.

킹스 칼리지도 옥스퍼드 대학의 건물처럼 석조로 건축되었는데, 사각형으로 들어선 건물 가운데 잔디가 잘 조성되어 차분한 느낌을 주었다. 퀸스 칼리지를 비롯한 다른 칼리지들도 둘러보고 싶었지만, '수학의 다리' 등을 구경하다 보니 어느새 날이 어두워지고 시간도 별로 남지 않았다. 우리는 나중에 기회가 되면 다시 보기로 하고 로빈슨 칼리지로 향했다.

내가 마이클 신 선생의 초청을 받게 된 것은 연세대 경제학과의 홍성찬 선생 덕분이다. 홍 선생은 나보다 3년 후배지만, 학창 시절 김용섭 선생님의 문하에서 한국 근대사 과목을 같이 수강한 동문이자, 독서토론 모임인

'자유교양회'에서 같이 책을 읽었던 동학이다. 홍 선생은 코넬 대학에 연구년을 가서 마이클 신 선생과 친해졌고, 작년 가을 케임브리지 대학으로 옮긴 신 선생에게 나를 소개했다. 그 인연으로 이번에 케임브리지에서 발표할 기회를 갖게 된 것이다.

'케임브리지 목요 세미나'는 케임브리지 대학에 재직하는 한국인 교수, 방문학자, 연수인사, 대학원생이 격주 목요일 저녁 7시에 다윈 칼리지에서 모여 세미나를 하고, 근처 펍에 가서 맥주를 한잔하면서 '재미나'를 하는 것이 관례이다. 케임브리지 밖의 발표자로는 나를 처음 초청한 것이라고 했다.

목요 세미나에서 나는 런던에 와서 쓴 〈겨레의 매운 향기, 위당 정인보〉를 발표했다. 모임 총무인 한영호 박사가 미리 회원들에게 내 발제문을 메일로 보내 읽게 했다고 한다. 그래서 나는 논문을 읽지 않고 위당 정인보가 일제 시대 말기에 보여 준 고결한 처신에 대해 언급했다. 이어서 고아한 형식 속에 매서운 정신이 스민 시조 몇 수를 소개하고, 위당을 민족주의 사학자로서뿐만 아니라 탁월한 문인으로서 재평가할 필요가 있다는 것을 이야기했다.

발표를 마치자 열여덟 명의 케임브리지 학인들이 민족주의가 가지고 있는 양면성, 위당의 지식인으로서의 처신, 세계화와 주체성, 나의 학문계획 등에 대해 질문했다. 이에 답변을 하다 보니 어느새 밤 9시를 훌쩍 넘겼다. 시간이 늦어져 '재미나'에 참석하지 못하는 것이 아쉬웠지만, 케임브리지 대학의 활발한 토론 분위기와 개방적인 학문자세를 접할 수 있는 시간을 갖게 되어 마음만은 흐뭇했다.

옥스퍼드 대학의 건물들은 대부분 석조 건물이다. 고풍스러운 건물을 둘러싸고
유유히 흐르는 강과 '수학의 다리'는 차분한 느낌을 준다.

다윈 칼리지에서 발표를 하도록 주선해 준 마이클 신 선생이 우리 부부를 그가 속한 로빈슨 칼리지의 공식 만찬Formal Dining 행사에 초대했다. 지난번 목요 세미나 때는 첫 방문인데다가 날씨도 빨리 어두워져 유서 깊은 케임브리지 대학가를 충분히 둘러보지 못했다. 더구나 발표와 토론이 밤 9시가 넘어 끝나니 서둘러 기차를 타고 돌아와야 했다. 그 아쉬움을 헤아린 마이클 신 선생이 날씨가 따뜻해지면 로빈슨 칼리지에 다시 한 번 초청하겠다는 말을 했는데, 보름 전쯤 신 선생이 로빈슨 칼리지에 신록이 한창이라면서 우리 부부를 초대하겠다는 이메일을 보냈다.

케임브리지 대학은 올해로 800주년을 맞이했다. 옥스퍼드 대학 사람들이 1209년 소요가 있던 옥스퍼드를 떠나 이곳 캠 강가에 독자적인 학문공동체를 꾸리기 시작한 것이 케임브리지 대학의 출발이라고 한다. 그동안 케임브리지는 뉴턴, 다윈, 호킹 같은 대과학자를 배출했고, 노벨 상 수상자도 83명이 넘는다. 지금 총장은 엘리자베스 여왕의 부군인 필립 공이고, 찰스 황태자와 3남 에드워드 왕자도 케임브리지 출신이다.

나는 이번 1박 2일의 방문이 역사와 전통을 자랑하는 케임브리지 대학의 안과 밖을 두루 살펴볼 수 있는 좋은 기회라고 생각했다. 그래서 호기심과 기대를 가지고 케임브리지의 로빈슨 칼리지에 도착했다. 마흔네 살이라는 실제 나이보다 훨씬 젊게 보여서 한국에 가면 가끔 대학원생으로 오해를 받는다는 마이클 신 교수가 칼리지 앞까지 나와서 우리를 반갑게 맞이했다.

우리 부부는 이번에 로빈슨 칼리지의 게스트 하우스에 묵기로 했다. 게스트 하우스의 그라운드 층(한국의 1층)은 칼리지 사무실이고, 1층(한국의 2층)에 우리가 머물 K1 게스트 하우스가 있었다. 더블베드가 있는 호텔 수준의 방으로, 응접실, 작은 세미나실, 주방이 딸려 있었다.

로빈슨 칼리지는 케임브리지의 칼리지 중 가장 근년에 만들어진 것으로 1981년, 부호인 데이비드 로빈슨David Robinson 경의 출연기금으로 설립되었다. 처음 건물을 설계할 때부터 국내외 학술회의를 효율적으로 개최할 수 있도록 국제 회의실과 중소 세미나실을 다채롭게 꾸미고, 외빈과 방문학자를 위한 숙박시설도 마련하였다고 한다.

케임브리지에는 이와 같은 칼리지들이 31개가 있는데, 저마다 독특한 전통과 개성을 갖고 있다. 또한 교수 인사와 재정 운영에 있어서도 독자적인 권한을 갖고 있다.

저녁 7시 반에 시작되는 로빈슨 칼리지의 공식 만찬까지는 세 시간 정도 여유가 있었다. 우리는 먼저 영국의 수많은 인재를 배출한 칼리지들을 돌아보기 위해 캠 강가로 걸어갔다. 칼리지 안에는 차량 통행이 금지되어서인지 캠 강가로 걸어가는 길에는 인도와 나란히 자전거 도로가 잘 조성되어 있었다. 학생들은 물론 교수들도 자전거를 많이 타고 다닌다. 마이클 신 선생도 노란 형광 조끼에다 헬멧을 쓰고 자전거로 출퇴근한다고 한다.

케임브리지 대학생의
뱃놀이

캠 강의 다리(이것이 'Cam Bridge' 이다) 위에서 보트를 타고 유람하는 학생들과 관광객의 낭만적인 모습을 카메라에 담았다. 그리고 우리도 보트를 타고 강을 따라 펼쳐져 있는 칼리지들을 구경하기로 했다. 40분간의 유람에 30파운드였지만, 뱃사공이 강변 칼리지에 대해 '전문적인 해설'을 해준다고 꾀는 바람에 약간 사치스런 배 유람을 하기로 했다.

우리는 옥스퍼드와 케임브리지 간에 벌이는 조정 경기 때 타는 배와 비슷하게 생긴 폭이 좁고 긴 나무배에 편하게 앉아 주변의 경관을 즐기는 호사를 누렸다. 뱃사공의 친절한 해설을 들으며, 캠 강을 따라 조성된 트리니티 칼리지, 킹스 칼리지, 퀸스 칼리지, 클레어 칼리지를 바라보고, 트리니티 애비뉴 브리지, 클레어 브리지, 유명한 '수학의 다리Mathematical Bridge'와 베니스의 다리를 본 떠 건설하였다는 '탄식의 다리Bridge of Sighs' 밑을 통과했다. 배를 타고 가다 보니 케임브리지의 대학원생으로 보이는 약간 나이가 든 학생들이 강가에 배를 대고 맥주를 마시며 담소를 즐기고 있었다. 그야말로 한 폭의 그림이었다.

배 유람을 마치고 케임브리지 대학에서 가장 유명한 트리니티 칼리지와 킹스 칼리지, 그리고 케임브리지 서점을 구경했다. 케임브리지 문장이 새겨진 반팔 티셔츠와 티스푼 등 기념품을 사는 것도 잊지 않았다.

만찬이 시작되기 조금 전, 마이클 신 교수가 정장을 하고 대학 졸업식 때 입는 검은 가운을 걸친 채 우리를 데리러 왔다. 나도 영국에 와서 세 번째로 넥타이를 매고 나름대로 차려 입은 아내와 함께 1층의 교수 휴게실에 내려갔는데, 그곳에는 벌써 교수들이 대여섯 분이 와 있었다. 교수들과 외빈들은 바로 만찬장Dining Hall으로 가는 것이 아니라 학생들이 다 들어오고 장내가 정리된 뒤에 입장을 하는 것이 관례라고 한다.

잠시 후 여 집사의 안내로 교수들과 함께 홀에 입장했는데, 학생들도 모두 정장 차림에 검은 가운을 걸치고 조용히 대기하고 있었다. 교수석은 왼쪽에 한 줄로, 학생석은 오른쪽에 십여 줄 마련되어 있었다. 교수들은 학생들과 어울려 학생석에 섞여 앉아 식사를 하기도 하고, 외부 손님이나 동료 교수들과 같이 교수석에 앉기도 했다.

마이클 신 교수의 말에 의하면, 칼리지마다 이런 공식 만찬 행사가 정기

로빈슨 칼리지의 공식 만찬
행사

적으로 개최되는데, 로빈슨 칼리지는 매주 화요일과 금요일 저녁에 이 행사를 연다고 한다. 교수와 학생이 모두 좌정을 하자 집사가 볼록하게 생긴 나무판에 나무망치를 '땅, 땅' 하고 내리쳤다. 그제야 모두들 식사를 시작했다. 의식과 격조를 중시하는 영국다웠다.

만찬은 스타터(스프)와 메인요리(비프 스테이크), 후식(케이크과 과일)으로 구성되는 풀코스였다. 학생들은 8파운드의 만찬 비용을 내고 술도 자기가 가져와야 하지만, 교수들과 외빈은 와인과 식사 모두 공짜라고 했다. 교수들은 공식 만찬 행사에 두 명의 손님을 초대할 수 있다고 한다.

케임브리지는 이와 같이 교수들의 천국이었다. 교수 식당에서 제공하는 점심식사도 무료이고, 1층 휴게실의 케이크와 커피도 공짜였다. 그래서 우리는 식사를 마친 뒤 교수 휴게실에 가서 공짜 커피를 마시고, 마이클 신 교수의 세미나실이 딸린 연구실까지 구경했다.

케임브리지는 튼튼한 재정을 바탕으로 교수들의 품위 있는 생활과 복지를 최대한 지원하고 있어서, 교수들이 다른 데 신경을 쓰지 않고 오직 연구와 교육에 집중할 수 있는 분위기가 형성되는 것 같았다. 교수의 신분도 최대한 존중한다. 처음 교수로 임용될 때 엄격한 심사를 하되, 일단 교수가 되면 강의와 연구 활동에 거의 무제한의 자유를 허용한다고 한다. 나는 이 말을 듣고 나서야 마이클 신 선생이 왜 미국의 명문인 코넬 대학을 떠나 케임브리지로 왔는지를 이해할 수 있을 것 같았다.

로빈슨 칼리지에서 편하게 하룻밤을 자고 난 다음 날, 우리는 아침 일찍 칼리지의 정원과 대학원 학생들이 기숙하는 별채 건물을 둘러보았다. 공부에 집중하는 학생들의 집이라 역시 책상 위에는 책과 노트들이 어지럽게 널려 있었다.

9시 반에 48파운드를 내고 게스트 하우스의 체크아웃을 한 뒤, 마이클 신 교수의 안내로 외부 방문객에게는 출입이 허용되지 않는 케임브리지 대학 도서관Cambridge University Library과 영문학과, 역사학과, 장하준 교수가 근무하는 경제학과, 마이클 신 교수가 재직하고 있는 동아시아 및 중동학과와 도서관, 화려한 스테인드글래스로 유명한 킹스 칼리지 교회, 그리고 우리나라의 고려 청자 명품을 소장하고 있는 피츠윌리엄 박물관The Fitzwilliam Museum을 오전 내내 살펴보았다. 이제야 케임브리지를 제대로 본 것 같았다. 1박 2일 동안 케임브리지의 안과 밖을 마음껏 살펴본 우리는 마이클 신 선생 부부에게 프랑스산 고급 와인과 한국의 국화차를 선물하고, 점심을 샀다.

마이클 신 선생은 케임브리지의 명소를 끝까지 하나라도 더 보여 주고 싶었는지 오차드 그랜체스터The Orchard Grantchester로 우리를 안내했다. 이곳

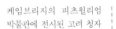
에는 28세에 요절했으나 유명 문인 및 학자들과 활발하게 교유
했던 시인 루퍼트 브룩(Rupert Brooke, 1887~1915)의 기념관이 있다.

과일 나무가 심어져 있는 이곳에 버지니아 울프, 버트런드 러셀, 비트겐
슈타인, 포스터 같은 당대의 명사들이 찾아와 담소를 나누었다고 한다. 우
리 부부도 마이클 선생 내외와 함께 이 소박한 레스토랑에서 점심을 나누
면서 영국 생활에 대해 이런저런 이야기를 나누었다.

우리는 런던으로 떠나오면서 케임브리지에 온 지 아직 1년이 되지 않아
런던을 돌아볼 기회를 많이 갖지 못한 마이클 신 선생 가족을 우리 집에
초대하겠다고 제의했다.

#6. 간디가 공부한
UCL과 LSE를
찾아서

사람들이 영국의 대학이라면 으레 옥스퍼드와 케임브리지를 떠올리지만, 런던에는 다른 좋은 대학들도 있다.

2007년에 런던 대학University of London으로부터 독립한 임페리얼 칼리지 런던Imperial College London은 페니실린을 발견한 플레밍 경을 배출한 대학으로 의학과 공학에서 세계 최고 수준을 유지하고 있다. 킹스 칼리지 런던King's College of London도 DNA 구조를 발견한 생명공학부와 의학부를 비롯한 인문, 사회과학부를 보유하고 있는 명문이다. 그리고 내가 와 있는 SOAS와 함께 런던 대학에 속한 UCLUniversity College London과 LSELondon School of Economics and Political Science도 명문 대학 중 하나이다.

UCL과 LSE은 런던의 학문과 사상의 중심지라고 할 수 있는 블룸즈버리와 올드위치에 자리 잡고 있어, SOAS에 가는 날이면 늘 보는 학교들이다. 그러나 등잔 밑이 어둡다고, 멀리 있는 옥스퍼드와 케임브리지는 두 차례나 가보았으면서도 5분, 10분 거리에 있는 이 두 대학의 도서관이나 분위기를 자세히 살펴볼 기회는 갖지 못했다.

마침 나에게 한문 강의를 들은 UCL 대학원생 김현경 양이 학기말 시험과 에세이 제출이 끝났다고 하여 안내를 부탁했다. 나는 김 양의 안내를

UCL은 3만여 명이 공부하는 런던 대학의 중심 칼리지이다. 옥스퍼드와
케임브리지와 함께 영국의 소위 '골든 트라이앵글' 대학으로 꼽힌다.

받으며 UCL 본관으로 향했다.

본관은 그리스의 자유주의와 인본주의를 본받으려는 대학 설립 이념에 맞게 건물과 장식물이 그리스풍으로 지어졌다.

UCL은 재학생이 2만 2,000명, 교직원이 8,000명에 달하는 런던 대학의 중심 칼리지이다. 옥스퍼드와 케임브리지와 함께 영국의 소위 '골든 트라이앵글' 대학으로 꼽힌다. 2008년 〈타임스〉의 세계 대학 평가에서 7위를 차지했고, 영국의 3대 명문대 중 하나로 스무 명의 노벨 상 수상자, 세 명의 필즈 상 수상자를 배출했다. 그러나 무엇보다 이곳은 마하트마 간디가 공부한 곳이다.

런던에 와서 다시 읽은 간디의 자서전 《An Autobiography》(Penguin Books, 2001)에 의하면, 간디는 1887년 9월 4일 인도의 뭄바이를 떠나 영국 남부 해안 사우샘프턴에 도착한 후, 런던으로 와서 먼저 옥스퍼드 대학과 케임브리지 대학을 알아봤다. 그러나 두 대학은 학비가 비싸고 수학기간도 오래 걸린다는 것을 알고, 돈도 절약하고 일도 할 수 있는 런던의 UCL에 진학했다고 한다. 이곳에서 간디는 법학을 공부했고, 1891년에 변호사 자격증을 취득했다. 이후 간디는 인도로 돌아가 사티아그라하(진리 파지)와 아힌사(비폭력 평화)를 외치며 인도의 독립을 이끌었었다.

UCL은 귀족과 국교도를 위한 대학인 옥스퍼드와 케임브리지 대학에 반발하여 '최대 다수의 최대 행복'을 주장한 공리주의자 제러미 벤담과 제임스 밀에 의해 1826년에 창립되었다. 계급, 종교, 인종, 성별에 관계없이 학생을 받아들인 영국 최초의 민간 대학이며, 중산계급의 자녀들이 가장 선호하는 곳이기도 하다. 그래서 이 대학은 자유로운 가운데 인본주의적이고 실용적인 학풍을 가지고 있다. 영국에서 최초로 의학 강좌를 개설했으며, 1878년부터 여성에게도 학위를 수여하는 선구적인 대학이 되었다. UCL의 이러한 자유주의와 인본주의적 전통은 오늘날에도 그대로 유지되고 있다.

2002년, UCL과 의학, 공학이 강한 임페리얼 칼리지를 통합해 옥스퍼드와 케임브리지를 뛰어넘는 큰 대학을 만들자는 논의가 있었다. 이때 UCL 재학생과 졸업생은 모두 180년간 지켜온 UCL의 학풍이 바뀔 것을 반대했다고 한다. 세계 대학 랭킹보다는 대학의 전통을 더 소중하게 생각한 것이었다. 역시 간디가 다닌 대학다웠다.

지금도 UCL은 법학, 경제학, 영문학, 철학, 역사학, 심리학, 지리학, 언어학, 의학, 약학, 생물학, 지리학, 화학, 공학 분야에서 세계 수준의 연구와 교육을 진행하고 있으며, 영국 최대 규모의 부속병원과 잘 갖추어진 개가식 도서관을 자랑하고 있었다.

올드위치에 있는 LSE London School of Economics and Political Science는 런던 정경대학이라는 이름 그대로 경제학, 국제정치학, 행정학, 미디어와 커뮤니케이션학, 사회학, 법학, 사회심리학 등이 강세인 사화과학의 명문이며, 요즘 학생들에게 가장 인기 있는 대학 중의 하나이다. 이 대학은 교수(전임교수 1,460명, 외래교수 1,320)의 45퍼센트가 외국인이고, 학생(풀타임 7,800명, 파트타임 800명)의 50퍼센트가 유학생(아시아계 26퍼센트)일 정도로 '가장 국제적인 대학 Most International University'임을 내세운다.

런던 금융계에 가장 많은 인력을 배출하는 대학으로, 런던에 있다는 장점을 최대한 살려 실물 경제와 현실 정치에 대한 기동성 있는 연구를 진행

한다. 또한 학생과 시민을 대상으로 수시로 정치 경제 현안에 대한 세미나를 진행한다. 최근에도 G20에 참석하러 온 러시아 대통령 드미트리 메드베데프, 홍콩 행정장관 도널드 창, 미국 연방준비은행 버냉키 이사장 등과 같은 정치 경제인들이 특강을 하는가 하면, 학생들은 지젝을 비롯한 좌파 지식인들을 초청하여 자본주의를 비판하는 세미나를 연다.

나는 학교의 연구실, 강의실, 도서관 등 여기저기를 둘러보고 나오다 의자를 두고도 캠퍼스 바닥에 주저앉아 이야기를 나누는 LSE 학생들을 목격했다. 기존의 관념과 틀에 얽매이지 않고 자유롭게 생활하는 모습이 신선하게 느껴졌다.

런던 대학에 속한 UCL과 LSE는 모두 9월에 시작하는 1학기 12주, 크리스마스 방학 2주, 2학기 11주, 부활절 방학 4주, 3학기 8주, 여름방학 세 달로 학사일정을 운영한다. 학부생과 대학원생의 상호 학점교환도 가능하다. 학비는 영국 학생이나 유럽연합 국가에서 온 학생은 1년에 3,000파운드지만, 그 밖의 나라에서 온 유학생들은 1만 파운드 이상을 내야 한다. 그리고 학부의 수업 연수는 전공에 따라 다른데, 공학과 언어학부는 4년(1년은 현지 언어 국가에 가서 실습), 의학은 6년, 건축학은 7년이고, 나머지 인문 사회 계열은 보통 3년이며, 대학원 석사 과정은 1~2년이다.

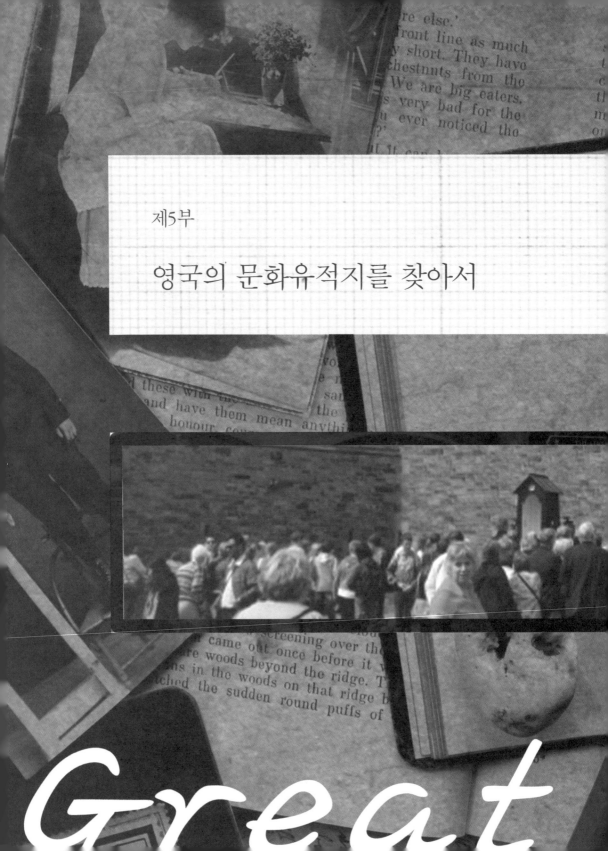

제5부

영국의 문화유적지를 찾아서

Great

he sky above a broken
soft puffs with a yell
saw the flash
ball dist

d a bombardm
ns were fi

ritain

공자님께서 말씀하셨다.

친구가 멀리서부터 찾아오면 또한 기쁘지 아니한가(有朋自遠方來, 不亦樂乎).

나도 어렸을 때 집에 손님이 찾아오면 매우 기뻐했다. 몇 가지 좋은 점
이 있기 때문이다. 우선 반찬이 달라지고, 부모님이 손님을 접대하느라 신
경을 쓰는 사이에 우리는 마음껏 놀 수 있다. 인심 좋은 손님들이 올 때는
선물을 사오거나 용돈을 준다. 이처럼 영국에서도 한국 손님이 오면 내 친
구, 아이들 친구 구별 없이 무조건 즐겁다. 영어를 잘 못한다고 주눅들 필
요 없이 자유자재로 말할 수 있고(사람의 가장 큰 서러움 중 하나가 자기 말을 마음대로 못하는 것
이라는 것을 영국에 와서 새삼 깨달았다), 손님에게 시간의 여유가 있으면 영국의 명소들
을 같이 둘러볼 수 있기 때문이다.

지난주에 바라던 손님이 캐나다로부터 날아 왔다. 둘째 아이 원이와 초.
중, 고를 같이 다녔고, 6년 전에 캐나다로 이민을 간 최빈 양이 첫 여름휴
가를 받아 런던에 온 것이다. 최빈 양은 우리가 살았던 목동 14단지 아파
트의 같은 동에 살아 그 부모님들과도 친하게 지내던 사이였다. 가을이면

같이 한계령 주전골의 단풍 구경을 가기도 하고, 눈 오는 밤이면 아파트 입구의 포장마차에서 만나 우동 국물을 나눠 마실 정도로 가까웠다.

    런던을 방문한 최 양에게 둘째 아이가 영국의 명소 중 하나를 보여 주자고 해서, 남서부 웨일스 지방의 바스Bath에 가기로 했다. 바스는 세계문화유산으로 지정될 정도로 고풍스런 건축물들과 유적들이 잘 보존된 곳이다. 한국과는 반대로 차의 핸들이 오른쪽에 있고, 좌측으로 주행해야 하는 영국식 운전이 아직도 부담스러웠지만, '톰톰' 이라는 내비게이션을 믿고 과감하게 왕복 6시간의 첫 장거리 여행에 나섰다.

바스에 도착하자마자 먼저 18세기 영국 귀족들이 살았다는 반달형의 우아한 저택, 로열 크레센트Royal Crescent를 둘러보았다. 로열 크레센트는 이 지방에서 생산되는 석재를 깎아서 만든 114개의 둥근 돌기둥을 타원형으로 배치한 아름다운 건축물이다. 그곳에서 사진을 찍고, 로마 대욕장으로 향했다. 거의 회색빛 돌로 지어진 주위의 집들은 중세의 전통적인 분위기를 자아내고 있었다.

드디어 대수도원 옆에 있는 로만 바스 박물관Roman Bath Museum에 도착했다. 박물관 안에 있는 로마 시대의 대욕장을 보려면 1인당 10파운드의 입장료를 내야 했다. 박물관 안에는 대욕장 조각과 돌 같은 유물들이 전시되어 있었다. 대욕장에는 물이 담겨져 있었는데, 로마 시대에 지어진 그대로는 아니며 18세기 영국 상류층 사람들이 온천을 하고 오후의 홍차나 식사를 즐기기 위해 개축되었다고 한다.

　기원전 55년, 카이사르가 영국을 처음으로 공격했다. 그러나 보다 본격적으로 로마의 통치가 시행된 것은 아그리콜라가 총독으로 있던 시기(기원후 78~84)이며, 바스의 대욕장도 이때쯤 만들어진 것으로 추측된다. 한 나라의 문명이 발전하기 위해서는 전통의 창조적 계승과 함께 외래 문화의 유입이 필수적이다. 그러나 대개 문화나 종교의 유입은 평화적으로, 혹은 자발적으로 이루어지기보다는 침략과 강제에 의해 강요되는 경우가 많은 것 같다. 나는 로마 침략기의 유산인 바스의 대욕장을 둘러보면서, 언뜻 한국 사회에 있었던 '식민지 근대화론' 논쟁이 뇌리에 스쳤다.

　얼마 전에 유명 대학 경제학과의 모 교수가 일제 시대에 근대화가 시작되었다는 소위 '식민지 근대화론'을 주장했다. 급기야는 TV에 나와 정신대 할머니들이 강제로 동원되었다는 증거가 없다는 발언까지 했다. 이런 발언이 물의를 일으키자 그는 정신대 할머니들 앞에 가서 무릎을 꿇고 사죄하였다. 그리고 그의 이론은 일제 시대에 건설된 철도와 도로는 수탈을 위한 것이며, 학교와 산업시설은 식민지 경영을 위한 것이었다고 같은 학과 선배 교수에 의해 실증적 분석으로 비판되었다.

　타의에 의해 건설된 도로나 건축물이 침략을 당한 국민들에게 선의의 선물일까 하는 생각을 한다. 이날 우리가 본 바스의 로마 대욕장은 과연 브리튼 사람들을 무료로 입장시켜 그들의 더러운 때를 벗겨 주기 위해 지어진 것일까, 아니면 '미개한 브리튼을 정복하여 로마의 수준 높은 문화를 전파'하느라고 애쓴 로마 총독과 장군들의 객고를 풀기 위해 건축된 것일까.

#2. 햄튼코트 궁전의
스케이트 장

영국을 이해하려면 지금도 존재하는 왕실의 역사를 알아야 한다. 그래서 영국은 지금도 곳곳에 남아 있는 궁전과 성들을 역사·문화유산으로 잘 보존하고 있다. 그중 5대 역사 왕궁으로는 런던 탑Tower of London, 햄튼코트 궁전Hampton Court Palace, 켄싱턴 궁전Kensington Palace, 뱅퀴팅 하우스Banqueting House, 큐 궁전Kew Palace을 꼽는다.

그런데 이런 궁전 중 하나인 햄튼코트 궁전에 시민들을 위한 스케이트장을 개설했다는 소식을 들었다. 참 재미있는 일이다.

생각은 진보적인 척하지만 몸은 늘 보수적인 나와는 달리, 생각은 보통이지만 행동은 늘 진보적인 안사람이 그곳에 스케이트를 타러 가자고 했다. 내가 누구이던가. 애처가 아니면 공처가가 아닌가. 나도 호기심이 있던 차에 흔쾌히 안사람의 제안을 따랐다.

킹스턴 어폰 템스 강 다리를 건너 햄튼코트 궁전으로 갔다. 사람들이 많은 오후 시간을 피해 11시쯤 갔더니, 입장료도 1.5 파운드를 깎아서 10파운드였다.

안사람이 어린아이처럼 신이 나서 제법 유연하게 궁전 앞마당의 얼음판을 활주하는 동안, 나는 안사람이 벗어놓은 코트와 가방을 지켰다. 그리고

커피와 쿠키를 먹으며《영어가 이렇게 쉽긴 처음이야》라는 책을 읽었다.

햄튼코트의 스케이트 장

나에게 스케이트라고는 초등학교 시절 낙동강 지류 위천 냇가에서 앉은 뱅이 '시계또'(당시까지 온존하던 일본식 스케이트 발음)를 타본 경험이 전부다. 서서 빙판을 질주한다는 게 위험하기 짝이 없는 노릇이라는 고정관념도 있고, 절대로 스케이트를 타지 않으리라 다짐도 했다. 그러니 이렇게 안사람 짐이나 지키면서 나같이 영어 공부를 포기한 사람에게 솔깃하게 미끼를 던지는 영어책과 이곳의 역사를 알려 주는 햄튼코트 궁전 브로슈어를 뒤적일 수밖에.

햄튼코트 궁전은 11세기부터 터를 잡기 시작해 본격적으로 궁전이 건축된 것은 16세기 튜더 왕조의 두 번째 왕인 헨리 8세에 의해서였다.

헨리 8세는 성격이 다혈질이었지만 책 읽기를 좋아하여 학식이 풍부했고, 스포츠에도 재능을 보였다고 한다. 그는 183센티미터의 훤칠한 키에 힘이 세고, 사냥도 잘 하고, 춤도 잘 춘 그야말로 팔방미인이었다. 이런 풍류남아여서 그런지 아니면 왕위를 계승할 왕자를 얻기 위해서 그랬는지는 잘 모르겠지만, 그는 왕비를 다섯이나 갈아치우고 여섯 번 결혼했다. 그래

햄튼코트 궁전의 전경. 이곳은 영국의 5대 역사 왕궁 중 한 곳이다.

자연사 박물관에 만들어진
스케이트 장

서 헨리 8세는 이 햄튼코트 왕궁에서 집정하는 동안 여섯 명의
왕비와 자녀들, 신하와 손님, 그리고 하인들이 살 수 있는 집을
60여 채나 지었다고 한다.

나는 이를 보며 새삼 깨달았다. 우리들이 좁은 집에서 사는 것은 돈이
없어서가 아니라 왕처럼 많은 사람을 거느리고 사는 것이 아니라 단 한 명
의 마누라와 살기 때문이라는 사실을.

그런데 매년 겨울철이 되면 런던의 명소에 이처럼 인공으로 스케이트
장을 만든다고 한다. 올해에도 이곳 햄튼코트 궁전 외에 서머싯 하우스,
하이드 파크, 자연사 박물관 등 시민들이 즐겨 찾는 곳곳에 스케이트 장을
만들어 학생들과 연인들, 그리고 가족들이 쉽게 찾을 수 있게 했다.

이번 여름에 프랑스에서는 파리의 센 강가에 고운 모래를 옮겨 해수욕

장을 만들어 피서를 못 간 파리지앵들이 일광욕을 즐겼다는 소식을 들었다. 요즘 우리나라도 이런 것을 본 떠 서울 시청 앞에 겨울철에 스케이트장을 개장하고나 있지 않은지 모르겠다. 그러나 이왕 본을 받으려면 영국의 민주주의 정치와 복지철학까지 본받아야지, 이런 곁가지 이벤트 행사만 본받아서야 어디 쓰겠는가. 이명박 정부가 국민을 우습게 보는 반민주적 '고소영' 패거리 정치와 '강부자'만 살리고 서민을 죽이는 편파적인 경제정책을 계속 해나간다면, 우리는 추운 겨울, 서울 시청 앞에 개설한 스케이트 장 위에서 다시 비폭력 저항운동을 상징하는 평화의 촛불을 들어야 할지도 모르겠다.

#3. 해치 랜드
하우스의
작은 음악회

런던에는 대영박물관, 자연사 박물관, 빅토리아 앤드 앨버트 뮤지엄 같은 박물관과 내셔널 갤러리, 코톨드, 테이트 모던 같은 유명 미술관이 있어 볼거리가 풍성하다. 뿐만 아니라 로열 앨버트 홀, 위그모어 홀, 국립 오페라 극장, 셰익스피어 글로브 극장 등 공연장도 풍부하다. 이곳에서 각종 음악회와 〈라이온 킹〉, 〈맘마미아〉, 〈오페라의 유령〉 같은 뮤지컬이 사시사철 공연되어 세계의 관광객들을 끌어모으고 있다.

런던 젊은이들 역시 유명한 공연장과 영화관과 술집이 밀집되어 있는 코벤트 가든과 피카딜리 서커스로 몰려든다. 반면 런던의 머리가 희끗희끗한 신사들은 시내를 벗어나 조용한 고성에서 연주하는 작은 음악회나 가든에서 공연하는 오붓한 연극 공연을 즐기며, 저마다 특색 있는 컬렉션을 소장한 하우스들의 미술품과 앤틱을 감상하기를 좋아한다.

나도 초기에는 런던 시내의 유명 박물관과 미술관을 찾아다녔고, 마음은 아직도 청춘이어서 〈라이언 킹〉과 〈맘마미아〉 같은 뮤지컬을 보기도 했다. 하지만 시간이 지나자 점차 번잡한 런던 시내 외출이 피곤하다는 느낌이 들었다. 대신 넓은 초원과 산책로, 아름다운 정원과 독특한 개성을 간직하고 있는 집들이 있는 교외로 나들이하기를 좋아하게 되었다. 우리

부부가 두 번이나 찾아간 해치랜드 파크Hatchlands Park도 바로 그
런 곳 가운데 하나이다.

피카딜리 서커스 주변에는
사설 뮤지컬을 공연하
는 공연장이 많이 있다.

　런던의 남쪽 근교에 있는 해치랜드는 아름다운 정원과 넓은
초원을 가지고 있다는 점에서 다른 야외 공원과 다를 바가 없다. 하지만
하우스는 특별하다. 쇼팽(Chopin, 1810~1849)이 1848년 런던에 와서 생애 마지막
연주를 할 때 사용한 그랜드 피아노를 비롯하여 수많은 악기와 음악 관련

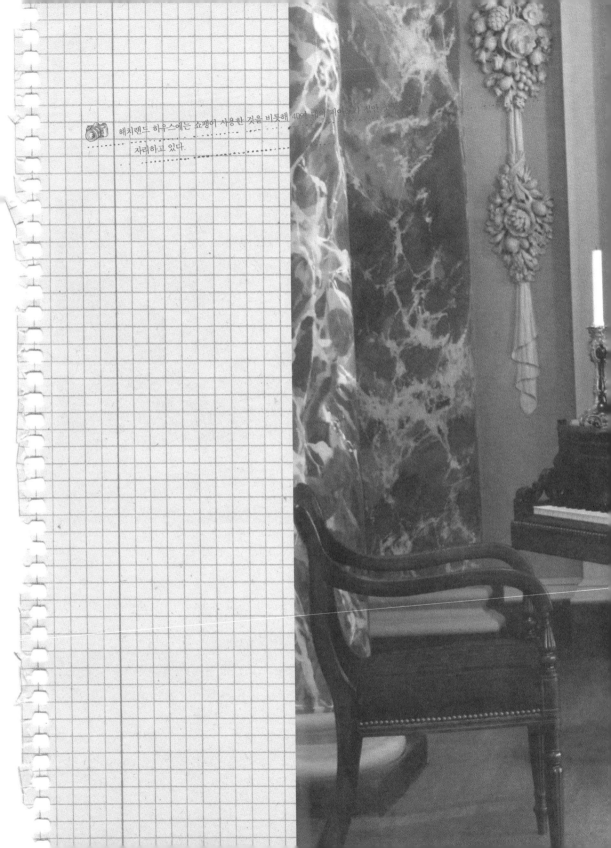

해치랜드 하우스에는 쇼팽이 사용한 것을 비롯해 40여 대의 피아노가 집에 자리하고 있다.

자료를 소장하고 있기 때문이다.

해치랜드 하우스의 주인이었던 알렉 코브Alec Cobbe는 음악을
대단히 좋아해서, 수십 년 동안 전문가의 자문을 받아 하프시
코드, 피아노, 파이프 오르간, 하프 같은 귀한 악기들과 유명 작곡가들의
악보, 음악 관련 서적과 천재 음악가들의 그림과 사진 등을 집중적으로 수
집했다. 그래서 세계적으로도 희귀한 '코브 컬렉션The Cobbe Collection'을 완성
하고, 공익재단인 내셔널 트러스트에 기부했다.

하우스 안을 살펴보니 온통 피아노로 가득했다. 하우스를 안내해 주는
자원봉사자 할머니에 의하면 집안에 피아노가 40대 정도 있다고 한다. 각
방에 있는 피아노를 일부러 헤아려 보았더니 현관홀에 여덟 대, 응접실에
다섯 대, 거실에 일곱 대, 서재에 네 대, 식당에 네 대, 그리고 이 하우스의

핵심인 음악실Music Room에는 쇼팽이 사용한 피아노를 비롯한 일곱 대가 있었다. 이렇게 집주인이 자나깨나 음악과 함께 생활하고, 유명 작곡가와 피아니스트의 손때가 묻은 피아노를 수집하기를 좋아하는 것을 보니 사람이 살고 있는 2층 침실에도 분명히 피아노가 몇 대 더 있을 것이다.

그런데 해치랜드 하우스는 피아노와 음악 관련 자료를 소장하고 방문객들에게 전시하는 데 그치지 않는다. 바흐, 헨델, 하이든, 베토벤, 슈베르트, 모차르트의 그림과 사진이 벽면을 장식하고 있는 음악실에서 종종 쇼팽이 연주하던 '플레엘 그랜드 피아노Pleyel Grand Piano'로 작은 음악회를 개최한다. 콘서트가 3월부터 7월까지 매주 수요일 12시에 정기적으로 개최된다는 사실을 알고, 나는 미리 '런던 플레엘 트리오'의 연주회 표를 두 장 예매해 두었다.

이날 열린 작은 음악회에서는 모차르트와 플레엘(Pleyel, 1757-1831)의 삼중주 곡들을 세 명의 여성 연주가가 한 시간 정도 연주했다. 봄기운 때문인지 자연과 어우러진 연주 분위기 때문인지 모르지만, 모차르트의 선율이 더욱 감미롭고 경쾌하게 들렸다.

공연이 끝나고 양떼와 검은 소들이 한가롭게 풀을 뜯는 초원을 따라 조성된 언덕길을 산책했다. 문득 교양은 음악을 듣고 그림을 감상하는 데서 시작하지만, 겸손한 마음으로 상대방을 배려하는 데서 완성된다고 한 일본 경제대학 서경식 교수의 말이 생각났다.

#4. 솔즈베리
대성당의
마그나 카르타

"대한민국은 민주공화국이다. 모든 권력은 국민으로부터 나온다."

작년 촛불 시위 때 시민들이 가장 목소리 높여 불렀던 노래가 〈대한민국 헌법 제1조 제1항〉이었다. 국민이 선출한 대통령이 국민의 뜻을 무시한 채 일방적으로 국민들의 건강을 해칠 수 있는 광우병 위험이 있는 미국 쇠고기 수입을 강행하려 하고, 멀쩡한 4대강을 파헤쳐 운하를 건설하겠다고 했다. 시민들은 '국민이 준 힘으로 누구를 지키는가', '국민을 이기는 대통령 어디 있어'와 같은 피켓을 들고 시청 앞 광장으로 모여들었다.

국민들의 노도와 같은 촛불 시위를 청와대 뒷산에 올라가서 보고는 대통령이 국민들에게 고개 숙여 사과한 지 1년 남짓 지났다. 그러나 자신이 생겼는지, 이명박 정권은 MBC의 신경민 앵커를 뉴스데스크에서 끌어내리고, 금융 위기를 예리하게 분석한 글을 인터넷에 올렸다는 말도 안 되는 이유로 미네르바를 구속했다. 졸렬한 언론 탄압과 유치한 인권 탄압을 저지르고 있다는 고국 소식을 접하니 가슴이 참으로 답답했다.

이런 답답한 심정을 조금이나마 달래고 '주권재민'과 '법치'를 재확인하기 위해 솔즈베리 대성당을 찾아갔다. 이곳에는 '왕'보다 '법'이 앞선다는 원칙을 공포한 서구 최초의 성문법인 〈마그나 카르타Magna Carta〉 원본

이 보관되어 있다.

솔즈베리는 런던에서 남서쪽 방향으로 차로 2시간 정도의 거리에 있는 도시인데, 옛 성곽 안에 123미터 높이의 첨탑을 자랑하는 대성당이 장엄하게 자리 잡고 있다. 이 대성당은 1220년부터 38년 동안 퍼백 반도의 대리석을 사용해 고딕 양식으로 웅장하게 건축했다. 대성당 안에는 프랑스나 이탈리아의 성당과 마찬가지로 화려한 스테인드글래스로 장식한 벽과 기둥, 제대와 기도처, 성인들의 조각상과 석관 등이 있었지만, 나의 흥미를 끌지는 못했다. 나의 관심은 〈마그나 카르타〉에 있었기 때문이다.

성당 오른쪽 부속건물인 '마그나 카르타 하우스'로 들어서자 홀 중앙 유리 안에 〈마그나 카르타〉가 보관되어 있었다. 1215년 존 왕이 러니미드 초원에서 자신의 폭정에 맞서 반란을 일으킨 귀족들의 강요에 의해 작성한 것이다.

솔즈베리 옛 성곽 안에 123미터 높이의 첨탑을 자랑하는 대성당이 장엄하게 자리 잡고 있다.

총 63절로 이루어진 〈마그나 카르타〉는 기본적으로 왕권(王權)에 대한 신권(臣權)의 도전이라는 성격을 갖는다. 하지만 내란 속에서 왕과 귀족들이 대중의 지지를 얻기 위해 경쟁하는 형국이었기 때문에, 귀족들은 자기들의 이익만을 주장할 수 없었고 일반 백성의 이익까지 아우르는 내용을 헌장에 포함시켰다. 그래서 〈마그나 카르타〉는 왕이 귀족을 대했던 방식을 비판하는 데 그치지 않고, 인간의 보편적 자유와 권리를 인정하는 데까지 나아가고 있다. 이 대헌장에는 교회의 자유, 봉토에 관한 법률, 교역과 상인의 권리, 왕실 관리 및 삼림에 관한 규정, 왕이 거느린 용병의 해산, 헌장 준수 의무 등의 내용이 포함되어 있다.

〈마그나 카르타〉가 인류의 역사에 미친 영향은 막대했다. 영국 국민들은 자신들의 권리가 위협받을 때마다 대헌장을 내세웠고, 훗날 권리청원(1628)과 인신보호령(1679)을 작성할 때에도 〈마그나 카르타〉의 제39조항을 그대로 인용하였다.

자유민은 누구를 막론하고 자기와 같은 신분의 동료에 의한 합법적 재판 또는 국법에 의하지 않는 한 체포, 감금, 또는 그 외의 어떠한 방법에 의하여서라도 자유가 침해되지 아니한다.

'누구도 법 절차에 따르지 않고 생명, 자유, 재산을 박탈당하지 아니한다'라는 〈미국 수정헌법〉 5조도 바로 이 조항의 영향을 받은 것이라 할 수 있다.

1215년에 작성된 〈마그나 카르타〉의 원본은 현재 4부가 전한다. 대영박물관에 2부, 링컨 대성당에 1부가 보관되어 있고, 솔즈베리 대성당 마그나 카르타 하우스에 나머지 1부가 보관되어 있다.

그런데 예전이나 지금이나 〈마그나 카르타〉를 자주 내세우고, 〈대한민국 헌법〉 제1조를 노래로 만들어 부르는 것은 그만큼 인간의 보편적 자유가 위협받고 있는 상황이라는 것을 말해 주는 것이라 하겠다. 민주주의나 자유는 우리가 꾸준히 기름을 붓고 보살펴 주지 않으면 쉽게 꺼지는 등불과 같은 것인지도 모른다.

세월이 유수와 같다더니 영국 생활도 얼마 남지 않았다. 극작가 버나드 쇼가 일생을 마치면서 '우물쭈물하다가 이럴 줄 알았다' 라고 했다던가? 내가 꼭 그런 짝이 될까 걱정이다. 별로 한 것도 없이 자유롭게 지내다가 이제야 제대로 안식년을 보내려고 하는데, 달력은 달랑 세 장밖에 남지 않았다. 남은 시간이라도 재미있고 보람 있게 보내야지 달리 어찌 하겠는가.

한 달간의 부활절 방학을 맞아 영국의 아름다운 자연과 문화유산을 부지런히 탐방하는 중 턴브리지 웰스Tunbridge Wells를 찾았다. 켄트 지방의 중소 도시 가운데 가장 아름다운 문화유산을 많이 간직하고 있는 곳이다.

우리나라도 경주, 안동, 전주 같은 도시나 낙안 읍성처럼 한국의 전통을 느낄 수 있는 지방도시를 보존하지 않는 것은 아니지만, 영국만큼 과거 유산에 집착하고 전통을 좋아하지는 않는 것 같다.

런던의 남동쪽으로 차를 타고 가면 한 시간 만에 닿을 수 있는 턴브리지 웰스는 1606년에 약수가 발견되면서 새롭게 부흥했다. 2006년에는 '로열 턴브리지 웰스Royal Tunbridge Wells' 400주년 축제를 대대적으로 열었다고 한다. 이곳에서 샘솟는 약수Chalybeate Spring에는 철분이 많이 함유되어 건강에 좋다고 소문이 났다. 그러자 런던의 귀족과 신사들이 다투어 찾았고, 자연히 이곳이 번성하게 되었다. 빅토리아 여왕도 왕위에 오르기 전에 이곳에 머물렀으며, 다이애나 왕비도 1992년에 이곳을 방문하는 등 명사들의 발길도 잦아졌다.

이렇게 영국 사람들이 즐겨 찾자 샘물 주변에는 카페와 호텔, 가게와 레스토랑, 교회와 서점이 들어서기 시작했다. 원주 회랑이 이어져 있는 건물이 특징적인 판틸레스Pantiles 지역에는 지금도 당시 유적을 잘 보존하면서, 여전히 커피 하우스와 여관급 호텔, 식당과 상점이 성업 중이었다. 그 가운데 곡물상점Corn Exchange과 앤틱 가게Antique Shop가 재미있었고, 주방기구를 파는 가게에는 켄트 지방에서 나는 나무로 만든 쟁반과 그릇, 바구니와 나무 상자 등을 볼 수 있었다.

다양하고 예쁜 가게들이 들어선 판틸레스 앞에는 보도와 함께 조그만 무대가 마련되어 있다. 여기서 이곳 출신으로 당대 최고의 연극배우였던 에드먼드 킨Edmund Kean이 출연한 셰익스피어 연극이 공연되기도 했다고 한다.

이 밖에도 턴브리지 웰스에는 극작가이자 소설가인 리처드 컴벌랜드Richard Cumberland, 〈전망 좋은 방A Room with a View〉, 〈인도로 가는 길A Passage to India〉 등을 집필한 소설가 포스터E. M. Foster, 〈허영의 시장Vanity Fair〉을 쓴 윌리엄 새커리William M Thackeray, 유명 패션 디자이너 리처드 내시Richard Nash, 건축가 데시무스 버튼Decimus Burton, 스카우트 운동을 창시한 로버트 파웰Robert B. Powell, 명의로 소문난 존 마요John Mayo 같은 인사들이 활동하였다.

턴브리지 웰스의 전통 속에서 새로운 문화를 꽃피웠던 이들은 아마도 판틸레스의 고서점에서 책을 사서 옆의 카페에서 문학을 논하고, 광장의 조그만 무대에서 연극을 공연하고 패션쇼를 했을 것이다. 시민들은 가게

에서 쇼핑을 한 뒤 운치 있는 판틸레스 앞길을 따라 언덕으로 올
라가서, 참나무로 만든 벤치에 앉아 온갖 꽃들을 가꾸어 놓고 라임 나무와
너도밤나무가 서있는 글로브 가든_{Grove Garden}의 아름다운 풍경을 즐겼을 것
이다.

산책을 좋아하는 나는 판틸레스의 옛 건물들과 가게들을 둘러본 뒤, 완
만한 언덕 위에 들어선 턴브리지 웰스의 시내 탐방로를 거닐었다. 빅토리
아 여왕이 머물렀던 호텔과 반달 모양의 크레센트 건축물, 소설가가 살던
집, 1902년에 지어진 오페라 하우스, 이 지방의 동식물과 자연, 민중들의
생활상을 잘 전시해 놓은 박물관, 오래된 교회와 빅토리아풍의 옛 건물,
현대식 건물이 어울려 있는 거리를 걸으며 영국의 지방문화가 가지고 있
는 깊은 향취에 흠뻑 빠져들었다.

1866년 병인양요 때 프랑스 군대가 한 달간 강화성을 점령했다. 로즈 제독은 정족산성 전투에서 양헌수가 이끄는 사수들에게 혼쭐이 난 후 조선 침공의 무모함을 깨닫고 철수를 결정했다. 그러자 프랑스 군인들은 관아를 불 지르고 금은괴와 보물, 식량과 서적들을 대량으로 약탈했다. 침략자가 돈이 되는 보물과 군수물자를 약탈하는 것은 흔히 있는 일이지만, 당시 프랑스 군대가 대량의 서적과 문헌자료까지 가져갔다는 점이 특이했다. 프랑스 인들은 정족산성 사고에 비치된 역사문헌을 보고는 깜짝 놀랐다. 그래서 중요 서적으로 보이는 것은 일일이 번호를 매겨 본국으로 반출하고, 나머지 책과 민간에 보관되어 있던 책들은 불살랐다.

요즘 이스라엘이 가자 지구에서 저지른 만행처럼 전쟁 중이라도 관공서와 군 주둔지를 제외한 민간인 거주 지역을 폭격하고 아녀자들을 죽이는 행위는 매우 반인륜적인 행위이며, 인류의 문화유산인 멋진 건물과 유서 깊은 도시, 아름다운 미술품과 서적들을 훼손하는 것은 반문명적이고 파렴치한 짓으로 규탄을 받는다.

그런데 소위 문명국인 프랑스의 군인들이 병인양요 때 강화도 민가의 책들을 불 지른 것은 그들의 '문화적 열등감' 때문이었다고 한다. 문화인

임을 자처하는 프랑스 군인들도 19세기 중엽까지 자신의 집에 조
선의 민간에 있는 책만큼 많은 책이 없었기 때문에 화가 나서 불
을 질렀다는 것이다. 일리가 있는 말이나 이것은 좀 과장된 해석의 소지가
있는 것 같다.

실제 프랑스의 센 강변이나 영국의 곳곳을 돌아보면 고서점들이 많이
남아 있다. 상류층들이 살던 집에도 많은 책들이 소장되어 있음을 확인할
수 있다. 내셔널 트러스트에 속한 하우스들의 거실에는 그림이 가득 걸려
있고, 서재에는 벽난로와 함께 금박으로 장식한 서적들이 가득 꽂혀 있었
다. 나는 그곳의 책들을 살피면서 집 주인이 어떤 문제에 관심이 있었고,
어느 정도의 식견을 가진 인물이었는지를 가늠하곤 한다. 영주와 부호들
의 저택에는 초상화와 함께 백과사전류가 많았고, 처칠 수상이 머물던 차

웨일스의 헤이 온 와이는
마을 전체가 헌책방이다.

트웰 하우스Chartwell House 같은 정치가의 서재에는 역사책과 지리

책이 많았다.

　오래된 것을 특별히 좋아하는 영국인들은 쓰던 물건을 버리는 일이 거

의 없고, 조상의 손길이 닿은 책들은 특히 소중히 다룬다. 인터넷 시대에

도 영국의 고서점들이 망하지 않고 그대로 유지되는 것은 영국인들의 이

러한 앤틱 숭상 관습 때문이라고 할 것이다. 런던 대영박물관 앞이나 피카

딜리 서커스 옆 골목, 워털루 브리지 밑에는 고서점과 노천 서점이 널려

있고, 웨일스 지방에는 시골 마을 전체가 헌책방인, 세계적으로도 유명한

책 마을인 '헤이 온 와이Hay-On-Wye'가 있다.

　영국에 체류하는 동안 이 책 마을을 꼭 한번 가 보리라 마음을 먹고 있

었는데, 마침 헤이 온 와이에서 책 축제가 열린다는 BBC 뉴스를 접했다.

나는 노 전 대통령이 서거해서 울적해진 마음을 달랠 겸 잉글랜드를 벗어나 처음으로 웨일스 지방에 갔다.

지도로 본 것보다 먼 곳(런던에서 190마일. 약 300킬로미터)이었다. 런던의 외곽순환 도로인 M25를 벗어나 M4를 타고 브리스틀, 카디프를 거쳐 웨일스 지방에 들어섰다. 도로 표지도 자음이 겹치는 독특한 웨일스 말로 되어 있고, 구릉지가 많아 길도 꾸불꾸불하였다. 8시 반에 런던 집을 출발했는데, 중간에 휴게소에 들렀더니 12시 반에야 헤이 온 와이에 도착했다.

헤이 온 와이는 30개의 헌책방과 앤틱 가게들이 들어서 있는 웨일스 산골의 조그만 읍내였다. 우리는 먼저 차를 세워놓고 근처 펍에 들어가 맥주와 음료를 마시며 웨일스 지방의 전통 음식과 따뜻한 수프를 주문했다. 수프는 먹을 만했으나 이 지방 전통음식이라고 하며 시킨 메인 요리는 감자 으깬 것 위에 소의 간을 갈아 익힌 것이어서 먹기가 거북했다. 어설프게 점심을 먹고 지도를 한 장 얻어 헌책방 순례에 나섰다.

내가 들린 책방은 헤이 온 와이 북셀러스Hay-On-Wye Booksellers, 브로드 스트리트 북 센터Broad Street Book Centre, 옥스퍼드 하우스 북스Oxford House Books, 리처드 부스의 북숍Richard Booth's Bookshop, 에디먼 북스Addyman Books, 헤이 캐슬 북스Hay Castle Books 등 여섯 곳이었다.

헤이 온 와이 북셀러스는 책 축제 기간(2009년 5월 22일~31일)에 미술과 여행 관련 책을 1~2파운드에 팔았고, 브로드 스트리트 북 센터에서는 헌책과 함께 오랜 된 음반과 악보를 전시해 놓았다. 옥스퍼드 하우스 북스는 인문 사회과학 방면의 책을 집중적으로 모아 놓았으며, 옛날 이곳 성이었던 곳에 자리 잡은 헤이 캐슬 북스는 미술 사진, 영화 등 예술 관련 자료들이 많

헤이 온 와이의 야외 책방

았다. 지하 1층과 지상 2층으로 된 리처드 부스의 북숍은 작은 도서관에 맞먹을 정도의 엄청난 양의 책들을 영역별로 서가에 분류해 놓고 있었다.

나는 오후 내내 책방을 돌아다니며 1848년도 양장판《헨리 워즈워스 롱펠로우의 시 작품들The Poetical Works of Henry Wordsworth Longfellow》, 1923년에 옥스퍼드 대학에서 간행한《헨리 윌리엄 워즈워스의 시들The Poems of Henry William Wordsworth》두 권을 15.5파운드에 사는 수확을 올렸다. 그리고 셰익스피어, 디킨스, 대니얼 디포, 칼 라일의 책들과 1~2파운드 하는 유럽과 아테네 안내 책자 등을 17권 샀다.

문득 1778년 박제가 선생과 이덕무 선생의 일화가 떠올랐다. 북경의 골동서화 거리인 유리창에서 책을 사다가 돈이 떨어지자, 종이를 꺼내 관심 있는 책들의 목록을 작성한 것이다. 옛날이나 지금이나 선비들은 사고 싶은 책은 많으나 주머니가 넉넉하지 않고, 책방에 있는 책들을 충분히 살펴볼 시간이 없는 것은 마찬가지인가 보다. 북경에 다녀온 박제가 선생과 이덕무 선생은 이태 후인 1780년, 연행사를 수행해 중국에 가는 박지원 선생에게 북경에 가면 꼭 유리창의 오류거 서점을 들러 보라고 했다.

나도 이미 해가 저물어 헤이 온 와이의 다른 서점과 책 페스티벌이 열리는 천막 가게는 겉으로만 둘러봐야 했다. 아쉬움이 남았다. 후에 영국에 오는 동학들에게는 충분한 시간을 갖고 꼭 헤이 온 와이를 방문하라고 해야겠다는 생각을 하며, 쉽게 떨어지지 않는 발길을 런던으로 돌렸다.

7. 워즈워스의 고향,
레이크 지방

런던에 와서 상당히 많이 돌아다닌 것 같은 데, 외박을 한 것은 지난 달 케임브리지 대학의 로빈슨 칼리지에서 딱 하룻밤 지낸 것이 처음이었다. 잉글랜드를 벗어난 것도 웨일스의 헤이 온 와이를 당일치기로 다녀온 것이 전부다. 그래서 영국 체류 한 달을 앞두고 영국의 북서부 지방과 스코틀랜드를 여행하기로 했다.

영국의 북서부 레이크 지방The Lake District은 말 그대로 아름다운 호수가 많은 곳이다. 윌리엄 워즈워스(William Wordsworth, 1770~1850)의 낭만적 시의 배경이 된 곳이고, 에든버러 성과 구시가지는 스코틀랜드의 역사를 온전히 간직하고 있는 전통 도시이다. 나는 이곳을 마지막 여행지로 택했다.

런던에서 일요일 아침 일찍 북서쪽으로 난 M4 고속도로를 타고 윈더미어Widermere로 가는 길에 맨체스터를 지났다. 맨체스터는 영국의 산업혁명이 일어난 유서 깊은 산업도시이지만, 현재는 공장이 거의 대부분 이전되었다. 요즘 사람들에게는 유명한 축구단 맨체스터 유나이티드와 맨 시티가 있는 곳으로 알려져 있다.

2002년 인천 문학경기장에서 열린 월드컵 포르투갈 전에서 멋진 골을 넣은 박지성을 보고 반한 나는 한국의 다른 남자들처럼 박 군의 경기에 관

맨체스터 유나이티드 구장 앞에서 박지성 선수의 유니폼을 들고.

심이 많은 축구팬이 되었다. 작년 가을부터 올 5월 달까지 영국에서 산 덕분에 새벽잠을 설치지 않고 박지성 군이 출전한 경기를 볼 수 있는 즐거움을 누렸고, 풀럼의 홈구장인 런던의 크레이븐 코티지 구장을 찾아가 원정 경기를 온 박 군이 골을 넣는 멋진 장면을 현장에서 보기도 했다.

이런 나로서는 맨체스터를 지나면서 올드 트래퍼드 구장을 방문하지 않을 수 없었다. 박 군은 남아공 월드컵 예선전을 위해 태극호에 합류하느라 그곳에 없다는 것을 알고 있었지만, 그가 뛰는 올드 트래퍼드 스타디움Old Trafford Stadium에 들러, 거금 56파운드(한화 11만 원)를 주고 등에 'J. S. PARK 13'이 새겨진 빨간색 티셔츠 한 장을 샀다.

맨유 구장을 들린 후 정오를 넘겨, 근처에 있는 내셔널 트러스트 유적지

인 사이저 성Sizergh Castle 잔디 정원에서 싸온 김밥으로 점심을
해결했다.

다시 차를 달려 오후 5시쯤, 윈더미어의 게스트 하우스에 도착했다. 좀
늦었지만 근처 호수로 나가 한 시간 동안 큰 배를 타고 유람을 한 후, 요트
가 정박해 있는 호숫가의 펍에 들어가 맥주를 한잔하며 지는 해를 바라보
았다.

둘째 날은 윌리엄 워즈워스의 생가가 있는 코커마우스Cockermouth와 10년
간 살면서 많은 작품을 쓴 도브 코티지Dove Cottage가 있는 글라스미어를 찾
아갔다.

코커마우스의 생가는 정원이 딸린 2층집으로, 1층에는 변호사였던 아
버지 존 워즈워스의 사무실과 비서 방, 거실과 주방, 2층에는 부부 침실과

워즈워스의 방이 있었다. 현재는 그 방에 워즈워스의 시집과 연구서들이 전시되어 있었다.

1층 부엌에서는 지금도 빵을 굽고 있는데, 살림살이를 보니 비교적 넉넉하였음을 짐작할 수 있었다. 워즈워스는 아홉 살에 어머니를 잃고, 열네 살에 아버지마저 죽는 아픔을 겪었다. 하지만 부모님의 유산 덕분에 열여덟 살에 케임브리지 대학 성 존스 칼리지에 입학할 수 있었고, 재학 중에는 프랑스와 스위스를 여행할 수 있었던 것 같다.

글라스미어의 도브 코티지는 워즈워스에게 시적 영감을 준 호수 부근에 아담하게 자리하고 있었다. 이 집은 원래 펍이었는데, 워즈워스가 매입하여 누이 도로시와 함께 살림집으로 꾸몄다. 그와 누이는 이곳에서 1799부터 1808년까지 10년간 살았다. 워즈워스는 이 집에서 친구들과 교제도 하며 많은 작품을 집필했다. 또한 매리와 결혼을 해서 존, 도라, 토머스 세 자녀를 얻었다. 〈서곡The Prelude〉을 비롯하여 많은 시를 쓰는 한편, 누이이자 시인인 도로시, 뜻을 같이한 친구 콜리지Coleridge와 함께 영국 낭만주의 시문학 운동을 전개하기도 했다.

지금도 이 집은 잘 보존되어 있다. 1층에는 침실과 부엌, 2층에는 거실과 손님 방과 아이들 방이 있었다. 거실에는 워즈워스의 체취가 묻어 있는 책상과 의자가 있었고, 아이들 방은 〈타임스〉로 도배를 해서 '신문 방Newspaper room'으로 불렸다고 한다. 옆에는 워즈워스의 생애와 작품 활동을 이해하는 데 도움이 되는 자료들을 전시하는 박물관이 있다. 그곳에는 워즈워스가 쓴 원고와 필기도구, 안경과 자화상 등이 시대별로 잘 분류되어 있다.

영시는 잘 모르지만 레이크 지방의 생가와 살던 집, 워즈워스 박물관을 돌아보면서 영국 낭만주의 시문학의 거성 윌리엄 워즈워스가 어떤 환경과 분위기 속에서 〈수선화〉, 〈무지개〉와 같은 자연친화적인 시를 쓰게 되었는지 어렴풋이 짐작이 갔다.

하늘에 무지개를 바라보면
내 가슴은 뛰노라
내 어릴 때도 그랬고
지금 어른이 돼서도 그러하며
늙어서도 그러하기를
그렇지 않으면 차라리 죽는 게 나으리
아이는 어른의 아버지
내 살아가는 나날이
자연에 대한 경외로 이어질 수 있다면.

－ 워즈워스, 〈무지개〉

워즈워스의 고향에서 이틀을 지내고, 잉글랜드를 벗어나 스코틀랜드로 올라가는 길 주변의 풍경은 사뭇 달랐다. 초원에서 양떼가 풀을 뜯는 목가적인 풍경은 잘 보이지 않고, 돌과 자갈이 섞인 산들이 보이기 시작했다. 한 시간 정도 꼬불꼬불하게 난 산길을 따라 올라가니, 긴 호수가 나타났다. 이 호수가 영국에서 가장 아름다운 호수라는 얼스 호Ullswater이다.

경치가 너무 좋아 조그만 호텔 부근에 차를 세웠다. 요트가 정박해 있는 호숫가 벤치에 앉아 커피를 한잔하며 물에 비친 산과 산책 나온 사람들을 바라보니, 시간이 있으면 이런 곳에서 며칠 머물면 좋겠다 싶었다.

다시 고속도로를 타고 스코틀랜드로 향하다가 잠깐 글래스고에 들렀다. 글래스고는 스코틀랜드의 큰 도시지만, 나에게는 인하대의 '우생모(우리 시대를 생각하는 인하대 교수 모임)' 총무인 박혜영 선생이 문학박사를 취득한 대학이 있는 곳으로 기억되는 곳이다. 그래서 에든버러로 가는 길에 굳이 박 선생이 영시를 공부했던 글래스고 대학에 들러 고색창연한 건물이 들어선 캠퍼스를 돌아보았다.

발길 닿는 대로 가다가 좋은 경치도 보고 생각나는 곳을 들리다 보니 에든버러에는 오후 늦게 도착했다. 우리가 이틀 동안 머물 곳은 한국 동포인

김학운 선교사가 운영하는 '승범이네' 민박집이었다. 이 집은 에든버러의 남쪽 외곽에 있어 시내를 관광하려면 버스를 타고 나가야 한다. 하지만 여행객이나 유학생들에게는 꽤 알려진 곳이다.

불가리아에서 4년간 선교활동을 하다가 하나님의 발길에 채여서 8년 전에 에든버러에 왔다는 김 선교사는, 이곳에 정착하여 전도하기 위해 '스코투어Scotour'라는 여행사를 열고 민박을 시작했다고 한다. 그래서 이 집은 미혼 남녀의 혼숙을 허락하지 않고, 가족적인 분위기에서 머물다 갈 수 있도록 아침과 저녁 식사를 제공한다. 특히 저녁에는 그야말로 외국에서는 맛보기 힘든 호화로운 한식이 나온다.

다음 날 우리는 김 선교사가 알려 준 정보와 안내 책자에 의지해 옛 스코틀랜드 왕국의 수도인 에든버러 유적을 답사하러 나갔다. 에든버러의 역사가 담긴 언덕의 에든버러 성부터 홀리루드 하우스 궁전Holyroodhouse Palace에 이르는 1.6킬로미터 남짓의 길은 통칭 '로열 마일Royal Mile'이라고 일컬어진다. 우리는 이 길을 따라서 걸으며 에든버러 성과 성 가일Saint Giles 성당, 홀리루드 하우스 같은 올드 타운을 돌아보았다. 홀리루드 하우스 궁전은 지금도 영국 국왕이 스코틀랜드에 체재할 경우 왕실 거처로 이용된다고 한다.

우리는 또한 시의 중앙부에 동서로 뻗어 있는 프린세스 스트리트에 있는 스코틀랜드의 문인 월터 스콧의 기념상, 왕립 아카데미, 에든버러 대학에도 들렀다. 그리고 저녁에는 해리포터의 촬영지인 조지 헤리어트 스쿨George Heriot's school도 방문했다.

에든버러는 '근대의 아테네'로 불릴 만큼 많은 문화유산을 간직하고 있

영국에서 가장 아름다운 호수 얼스 호(위)와
해리 포터의 촬영지인 조지 헤리어트 스쿨(옆)

을 뿐만 아니라, 세계적인 축제를 개최하는 도시로 유명하다. 우리가 찾은 날, 에든버러 성 앞 광장에는 8월 14일부터 9월 6일까지 열리는 에든버러 국제 음악제Edinburgh International Festival 관람석 설치작업이 한창 진행 중이었다. 에든버러에서는 이 유명한 여름 축제 외에 올드 타운 페스티벌(The Old Town Festival, 6월 15일~28일), 에든버러 국제 영화제(Edinburgh International Film Festival, 6월 17일~28일) 같은 축제가 다양하게 개최되며, 성 가일 성당에서는 5월부터 6월까지 음악회가 수시로 열린다.

에든버러는 북쪽 지방이라 겨울에는 춥고 비가 많이 오기 때문에 모든 행사와 축제는 날씨가 좋은 여름철에 열린다. 그래서 여름철 성수기에는 머물 방을 구하기가 여간 어려운 게 아니라고 한다.

에든버러 역시 볼 것이 많아 이틀이 너무 짧았다. 다시 한 번 아쉬움을 남기고 발길을 돌렸다. 돌아오는 길에는 요크에 들러 요크 민스터York Minster 와 트레저 하우스Treasure House를 구경했고, 해거름쯤 셰필드에 도착했다.

우리는 셰필드 대학 구내 숙소에 여장을 풀고, 한국학과가 있는 아츠 타워Arts Tower 빌딩 5층으로 향했다. 교수들은 이미 퇴근했는지 없었고, 학과 게시판에 한국학과에 속한 네 명의 사진과 이름, 그리고 홈페이지 주소가 있어서 메모를 하고 숙소로 돌아왔다.

숙소에 귀마개가 준비되어 이상하게 생각했는데, 밤이 되자 그 이유를 알았다. 1층 펍에서 학생들이 밤새 술을 마시고 떠들며 노래를 부르는 소리가 3층 방에까지 들리는 것이었다. 그러나 우리는 하루 종일 강행군 여행을 하느라 지쳐서 학생들의 시끄러운 소리를 자장가 삼아 정신없이 곯아떨어졌다.

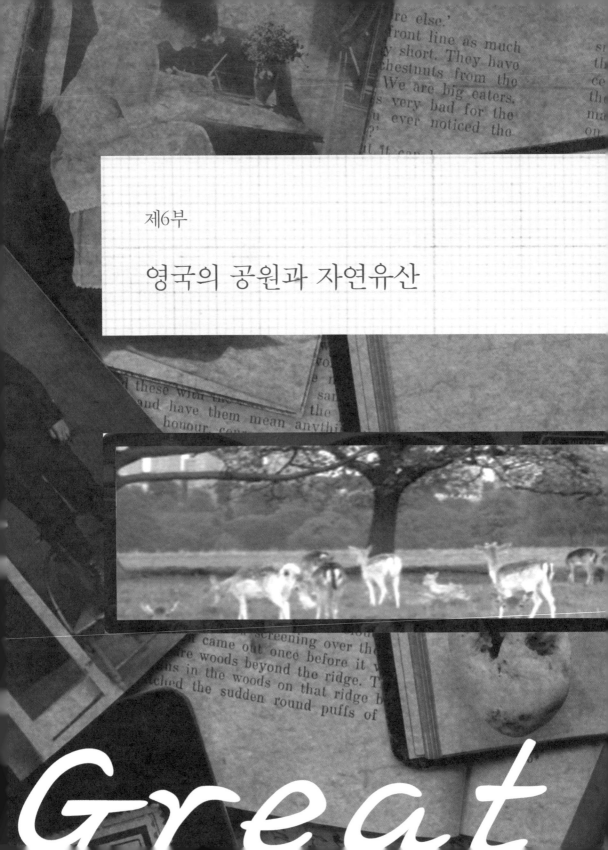

제6부

영국의 공원과 자연유산

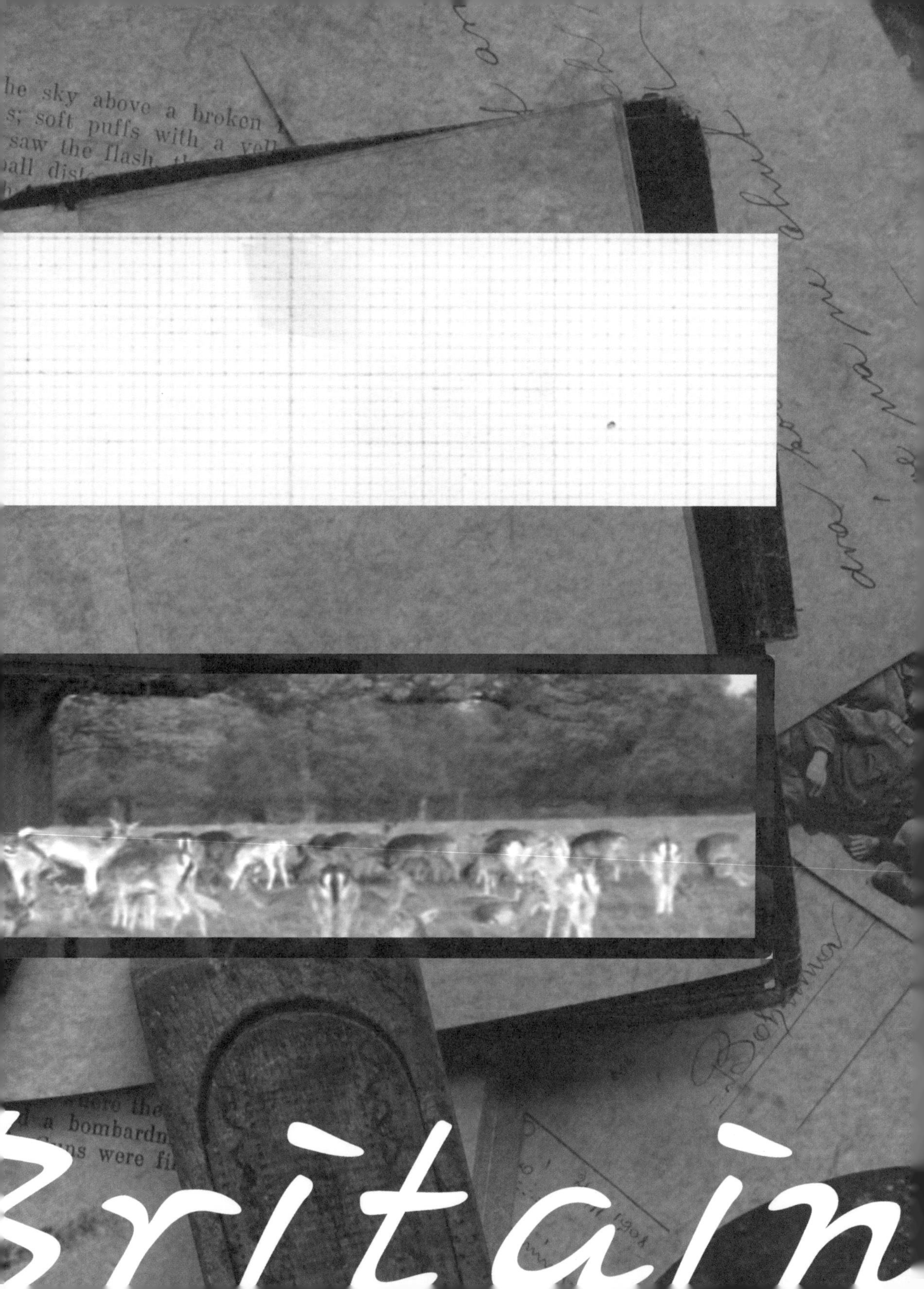

he sky above a broken
s; soft puffs with a ve
saw the flash, th
all dist
h

here the
a bombardm
uns were fi

Britain

#1. 부쉬 파크
나들이

런던은 흐리고 비가 오는 날이 많다 보니 런더너들은 아침에 해가 나면 빨래를 하고 공원으로 나들이를 가는 것이 일상화되어 있다. 오랜만에 날씨가 쾌청했던 토요일 아침, 우리도 이웃집에 뒤질세라 일찍 빨래를 해 정원에 널어 놓고 공원에 가기로 했다.

생활에서는 철저한 보수주의자인 나는 이미 가 봤던 리치먼드 파크나 멀든 홀 파크로 가자고 했지만, 새로운 것을 좋아하는 아내는 가 보지 않은 킹스턴 어폰 템스 옆의 부쉬 파크Bushy Park를 찾아가자고 했다. 나는 별로 중요하지 않은 일에도 괜한 고집을 피우는 성미인지라, 안사람의 제안을 묵살하고 내 주장을 관철해서 리치먼드 파크로 향했다. 내가 직접 차를 몰았는데 내비게이션의 도움을 받고도 입구를 찾지 못해 한참을 헤맸다. 그래서 결국 내비게이션을 떼어내고 지도와 감으로 안사람이 가자고 했던 부쉬 파크로 향했다. 지도를 보니 부쉬 파크는 다행히 큰아이가 다녔던 킹스턴 대학 부근의 템스 강 상류 부근에 위치해서 우리는 쉽게 공원 입구를 찾을 수 있었다. 진작 마누라 말을 들을 것을.

부쉬 파크는 중앙의 길을 따라 좌우에 넓은 잔디밭이 펼쳐져 있고, 호수와 놀이터도 마련된 꽤 넓은 공원이었다. 올 여름 들어 제일 좋은 날씨인

아내와 함께한 부쉬 파크
나들이

데다 토요일이라 공원에는 놀러 나온 사람들이 많았다. 우리는
나무 그늘 밑에 자리를 잡고 느긋하게 사방을 둘러보았다. 비행
접시를 던지고 받는 놀이를 하는 가족들, 초등학생쯤 되어 보이는 손자를
데리고 공놀이를 하는 할머니, 자전거를 타고 노는 어린아이들, 러닝셔츠
바람으로 조깅을 하는 아저씨, 유모차를 밀며 산책하는 젊은 아낙네, 더운
날씨에 대목을 만나 신이 난 아이스크림 가게 아줌마, 오랜만에 햇볕을 쬐
려고 아찔한 비키니 차림으로 책을 읽고 있는 아가씨 등 모든 것이 여유롭
고 아름다운 풍경이었다.

옆에 진을 친 영국 가족들처럼 우리도 준비해 온 삼각김밥, 삶은 계란,
스콘, 사과, 자두, 바나나를 먹고 차와 커피를 마셨다. 나는 영국 사람들이
피시 앤드 칩스나 샌드위치, 샐러드 같은 것을 펼쳐 놓고 식사하는 광경을
보고 켈트 족의 후손답게 '어수선하다'고 비아냥거렸는데, 막상 우리들의
점심 메뉴를 살펴보니 마찬가지였다. 한국식으로 삶은 계란, 일본식 김밥,

영국 빵인 스콘, 중국의 팔보차, 열대 지방에서 수입한 바나나와 커피 등 다양한 국가의 퓨전 메뉴가 아닌가. 이를 보고 우리가 일본인을 왜놈이라고 욕하고, 중국 사람을 되놈이라고 흉보고, 서양 사람을 코쟁이라고 우습게 보며 은연중에 잘난 척하는 습성이(이것은 사실 열등의식과 동전의 앞뒷면일 것이다) 내게도 자리 잡고 있음을 확인하였다.

다국적 점심을 먹고 일어나 안사람과 함께 공원을 산책했다. 사슴들은 평화롭게 노닐며 사람을 피하지 않고 한가롭게 풀을 뜯어 먹고 있었고, 옆 잔디 구장에서는 흰 운동복을 입은 영국 신사들이 크리켓 게임을 즐기고 있었다.

아침저녁으로 아직도 쌀쌀한 기운이 남아 있기는 하지만, 낮에는 15도까지 올라갈 정도로 영국에도 봄기운이 완연하다. 이제 우리 집 정원에도 개나리가 노란 입술을 내밀고 길가에는 벚꽃이 피기 시작했다.

으슬으슬한 날씨에 익숙한 런던의 아가씨들은 벌써 반팔 블라우스를 입기 시작했지만, 추위에 약한 우리 한국인들은 런더너들이 덥다고 열어 놓은 빨강 버스와 기차의 창문을 그들이 내리자마자 닫느라 바쁘다. 곁에서 볼 때는 우아해 보이지만, 살기에는 춥고 불편한 영국의 집에서 겨울을 나느라 고생한 안사람은 따뜻한 봄날을 얼마나 반가워하는지 모른다.

날씨가 계속 화창해서 수요일에는 그동안 한 번 가보려고 벼르던 켄트 지방의 스코트니 성Scotney Castle으로 봄나들이를 갔다.

런던 남동쪽으로 차로 한 시간 거리에 있는 스코트니 성은 우리 부부가 회원으로 가입한 내셔널 트러스트에 속한 문화유산 가운데 한 곳이다.

이 성과 장원(莊園)은 원래 12세기에는 스코트니 경의 소유였는데, 14세기 들어 애쉬번햄 경이 인수해서 산골짜기 계곡에 아름다운 성을 건축했다고 한다. 지금은 700여 년의 세월이 흘러 성곽은 무너졌으나 애쉬번햄 탑Ashburnham Tower과 원래 해자였을 아담한 연못은 아직도 아름다운 모습을

스코트니 성의 수선화 밭과 고성. 오른쪽의 둥근 지붕이 애쉬번햄 탑이다.

간직하고 있었다. 이 고성 주위에는 수선화 밭과 정원이 조성되어 있고, 밀밭과 양 목장, 나무숲과 초원이 넓게 펼쳐져 있다. 그 가운데로 마차 길과 산책로가 나 있어서 이곳을 찾는 이들이 맑은 공기를 마시며 편안하게 걸을 수 있다.

언덕 위에는 허물어진 고성을 대신한 컨트리 하우스Country House가 우뚝 서 있다. 빅토리아풍의 이 건물은 18세기 새로 스코트니 성의 주인이 된 에드워드 허씨Edward Hussey 가문이 당대의 유명한 건축가 앤서니 샐빈Anthony Salvin에게 의뢰해 켄트 지방에서 나는 황색 무늬 돌로 지은 것이다. 건물

안에 들어가 보니 아직도 사람이 살고 있는 것 같은 느낌이 들 정도로 서재와 도서실, 거실과 침실, 부엌과 욕실이 잘 갖추어져 있다. 현관과 복도 벽에는 성의 역사를 말해 주듯 인물화와 풍경화들이 걸려 있었다.

자원봉사자의 말을 들으니 스코트니 성에는 실제로 1970년까지 에드워드 허씨 가문의 후손이 살면서 선조들이 물려 준 정원을 가꾸고 장원을 유지할 비용을 벌기 위해 숲의 나무를 관리하고 농지와 목장을 경영했다고 한다. 그러다가 죽기 전 영국의 문화유산을 관리하는 공익재단 내셔널 트러스트에 기부하면서 다음과 같은 말을 남겼다.

"나는 이 성과 장원을 한 번도 내 것이라고 생각해 본 적이 없다."

이러한 기부 문화는 영국의 빛나는 전통으로 생활 속에 녹아 있는 것 같다. 얼마 전 BBC가 '레드 노우즈 데이(Red Nose Day, 빨간 옷을 입거나 빨간 코를 달고 전국적으로 자선행사를 하는 날)'를 맞아 아프리카를 비롯한 세계의 난치병 어린이를 돕기 위한 자선 모금행사를 펼쳤다. 그때 금융 위기로 살림살이가 어려워졌음에도 예년 못지않은 후원금(약 5,900만 파운드)이 모였다고 한다. 몇백 년 동안 선조들이 가꾸어 온 성과 전장을 잘 보존하여 망설이지 않고 공익재단에 기부한 후손들의 모습은 그들이 가꾼 정원의 꽃보다 아름답게 느껴졌다.

#3. 부활절 방학에
찾아간
킹스턴 레이시

한국의 대학은 3월 초에 개강해서 한창 공부를 하고 있겠지만, 런던의 대학은 3월 23일 월요일부터 부활절 방학이 시작되었다. 1월 5일부터 시작된 2학기가 끝나고, 4월 20일 다시 개학하는 3학기까지 한 달 동안의 방학을 학생과 교수 모두 반기고 있다.

3주밖에 되지 않는 겨울 방학은 대개 고향으로 돌아가 가족들과 함께 크리스마스와 새해를 맞이하기 때문에 여행을 가기가 어렵다. 반면 봄꽃들이 만발하는 계절에 맞이하는 부활절 방학은 겨울비가 자주 내리는 우중충한 날씨에 공부하느라 고생한 학생들에게는 황금 같은 시간이다. 물론 마지막 3학기에 시험이 있고, 학기말 에세이와 졸업논문을 앞두고 있어서 마음이 바쁘긴 하다. 그럼에도 틈을 내어 가까운 공원이나 근교로 봄나들이를 간다.

한국 미술사를 강의하는 샬럿 홀릭 교수도 학회가 열리는 미국으로 출장을 가고, 나도 2학기부터 매주 금요일 오후에 하던 한문 강의를 쉬게 되었다. 이 봄 방학을 이용하여 런던에서 멀리 떨어져 있는 명소들을 둘러보기로 했다. 그래서 먼저 런던에서 남서쪽으로 고속도로를 2시간여 타고 내려가 우아한 저택과 매력적인 정원을 자랑한다는 킹스턴 레이시_{Kingston}

킹스턴 레이시 하우스

Lacey를 찾아갔다.

킹스턴 레이시도 런던 근교의 성이나 장원처럼 하우스와 주변의 넓은 공원으로 꾸며져 있다. 43에이커에 달하는 정원도 레이디 가든, 어린이 숲, 일본식 티 가든Tea Garden 등으로 나누어 각종 꽃과 나무를 심어 놓았다. 250에이커에 달하는 주변 삼림에는 양과 소를 키우는 목장과 산책로가 끝없이 펼쳐져 있었다.

그중에서도 압권은 방케스 가문Bankes Family이 이곳에 300년간 살면서 모은 컬렉션을 소장하고 있는 저택이었다. 이 저택 안에는 리플렛의 소개처럼 '우아하고Elegant', '중요한Important' 컬렉션이 많았다.

웬만한 성 못지않게 웅장한 이 저택은 장원의 한가운데 자리 잡고 있다.

집 가운데는 자연 채광을 위해 원형의 유리 돔이 설치되어 있고, 방은 당시 귀족들이 가장 좋아하던 스페인풍으로 꾸며져 있으며, 가죽을 잇대어 벽을 도배하는 등 사치스럽게 실내가 장식되어 있다. 뿐만 아니라 책상과 의자를 비롯한 가구, 도자기와 장식품들이 그야말로 호화롭다. 수십 개에 달하는 방의 벽면에는 루벤스, 반다이크 같은 유명 화가들의 그림들이 걸려 있고, 넓은 홀에는 이집트에서 가져온 조각 작품들과 문자가 새겨진 벽돌들이 전시되어 있다.

이곳에 걸려 있는 그림들은 방케스 가문이 지닌 부의 규모가 어느 정도였는가를 짐작케 해 주는 것이지만, 대영박물관에서 보았던 이집트 유물들을 이곳에서 보게 될 줄은 전혀 예상하지 못했다. 이는 필시 대영제국의 군사력에 힘입어 노략질을 한 것임이 틀림없을 것이다.

얼마 전 프랑스의 크리스티에서 열린 이브 생 로랑 소장품 경매에서 아편 전쟁 때 프랑스 군이 무자비하게 파괴한 원명원(중국 청대 태자궁의 하나)의 유물 중 청동으로 만든 쥐와 토끼 두상이 출품되었다. 이를 두고 중국과 프랑스 간에 논란이 벌어지기도 했다. 이렇게 또다시 해외 반출 문화유산에 대한 문제가 불거지고 있는데, 이들 이집트 조각품들과 저택 정원에 세워진 작은 오벨리스크를 보는 마음은 착잡했다.

우아한 장식품과 귀한 유물로 가득 찬 저택과 아름다운 정원을 둘러보고 나오는데, 한쪽에 허름한 건물의 문이 열려 있길래 들어갔다. 이 저택에서 살고 있는 귀족들의 옷을 만들고 빨래하고 다림질하는 세탁장Laundry House이었다. 저택의 귀족들이 화려한 옷을 입고 큰 홀에서 파티를 벌이고 나면, 하녀들은 램프를 켠 어두컴컴한 세탁장에서 그들이 벗어던진 옷들을 모아 빨래를 하고, 땀을 흘리면서 다림질과 바느질을 했을 거라 생각하니 가슴이 저렸다.

　이렇게 아름다운 자연과 화려한 문물을 보고서도 그것을 있는 그대로 곱게만 보지 못하고 꼭 꼬투리를 잡고 그 뒤를 캐는 것은 편벽된 기운을 타고난 조선 선비의 기질 때문인가, 아니면 무조건 힘없는 사람 편을 들기 좋아하는 나의 알량한 동정심 때문인가.

#4. 윈스턴 처칠의
안식처, 차트웰

2002년 BBC가 지난 천 년간 영국의 가장 위대한 인물은 누구인가라는 설문조사를 했다. 이때 영국 사람들은 윈스턴 처칠(Winston Churchill, 1874~1965)을 첫 번째로 꼽았다고 한다. 영국인들은 셰익스피어나 뉴턴보다 죽은 지 거의 반세기가 지났는데도 제2차 세계대전을 승리로 이끈 위대한 영웅 처칠의 공적을 잊지 못하고 있는 것 같다.

동료 방문학자 신욱희 교수 부부와 함께 찾아간 켄트 지방의 차트웰Chartwell에는 여전히 처칠을 잊지 못하는 영국인들의 발길이 끊임없이 이어지고 있었다. 차트웰은 격동의 현대사를 돌아보려는 런던 사람들뿐만 아니라 국적이나 전공에 상관없이 꼭 한 번은 가볼 만한 곳이라 생각한다. 그래서 이번 내셔널 트러스트 탐방지로 이곳을 선택했다. 43년 동안 처칠과 클레멘타인 부부, 가족들이 살았던 차트웰 하우스는 그의 생생한 숨결과 발자취가 남아 있는 곳이다.

명문가에서 태어나 뛰어난 말솜씨와 글솜씨로 명성을 얻은 처칠은 스물일곱 살에 하원의원으로 당선되었고, 서른네 살부터 통상, 내무, 육·해·공군 장관을 두루 역임할 정도로 능력을 발휘했다. 1920년대 초반에는 세 번이나 의원 선거에서 떨어지는 좌절을 맛보기도 했지만, 옥스퍼드 대학 졸업생들에게 '결코 포기하지 말라' 라는 훈사를 했던 것처럼 그는 연이은 낙선에 조금도 낙담하지 않았다. 오히려 아름다운 경관을 지닌 이곳 차트웰에서 활발한 창작 활동을 하면서 달콤한 안식의 시간을 가졌다. 제1차 세계대전을 배경으로 쓴 자전적 역사서 《세계의 위기The World Crisis》, 《나의 청춘기My Early Life》 등이 차트웰에서 집필한 대표적인 저작이다. 또한 켄트의 윌드Weald of Kent 지방의 아름다움을 화폭에 담은 풍경화를 비롯해 수백 점의 그림을 그렸다.

처칠은 1953년 《제2차 세계대전》에 대한 회고록으로 노벨 문학상을 받기도 했다. 학창 시절 그는 수학과 라틴 어를 잘하지 못해 삼수를 했지만, 글재주만큼은 뛰어났다. 샌드허스트 육군사관학교를 졸업한 처칠은 그런 재능 덕분에 종군기자로 활약하면서 〈텔레그래프〉와 〈모닝포스트〉 등 신문에 기고를 하여 일찍이 필명을 날렸고, 30대에는 인세와 강연으로 6억 원을 벌 정도였다. 이 돈은 나중에 풍광이 수려한 이곳 차트웰 하우스와 정원을 구입할 수 있는 밑거름이 되었다.

처칠은 1922년 이 집을 처음 매입할 때 다소 음울한 빅토리아풍의 분위기가 나던 집 안을 현대적으로 개조하였고, 아내 클레멘타인은 커튼을 새로 달고 편리한 가구를 구입하여 아늑한 분위기를 조성하였다고 한다.

현재 이 차트웰 하우스에는 처칠이 집필할 때 참고한 수많은 책들과 그의 저서, 그리고 변화하는 국제 정세를 파악하기 위해 구독한 신문과 잡지를 그대로 보관하고 있는 서재, 소박한 침실, 천정이 높은 거실, 그가 입던 옷과 즐겨 피던 시가를 담아 놓던 상자, 애용하던 모자와 지팡이 등을 모아 놓은 방, 처칠의 다채로운 활동상을 보여주는 각종 자료를 연대별로 모

아 놓은 전시실이 있다.

차트웰 하우스 테라스 앞에는 넓은 잔디밭이 펼쳐져 있고, 그 아래에는 잉어가 헤엄치는 연못이 조성되어 있는데, 연못 오른쪽 가에는 평생을 해로한 처칠과 클레멘타인 부부의 다정한 모습을 조각한 오스카 네몬의 조각상이 자리 잡고 있다. 그리고 하우스 오른쪽에는 공놀이를 할 수 있는 평평한 크로케 론Croquet Lawn이 붙어 있다. 그 아래로는 채마밭Kitchen Garden이 가꾸어져 있는데, 주위 벽돌담은 처칠이 손수 쌓은 것이라고 한다.

하우스 왼쪽에는 처칠이 아인슈타인을 비롯한 방문인사들과 산책을 하며 담소를 나누었던 유명한 장미 정원이 있다. 하우스에서 호수로 내려가는 잔디밭 오른쪽에는 화실이 독립된 건물로 들어서 있다. 처칠은 이곳에서 그림을 그리며 여가를 즐겼는데, 현재 그가 그린 500여 작품 중 이곳에 130여 점이 보관되어 있다고 한다.

앞으로도 많은 영국인들이 처칠의 놀라운 용기와 불굴의 의지를 기억하기 위해 계속 이곳 차트웰을 찾을 것이다. 하지만 처칠이 인도의 독립과 여성 참정권의 확대를 반대했고, 국익을 위해 군사력을 계속 확충해야 한다고 믿은 구시대의 역사적 인물이었다는 것을 잊지 않았으면 한다.

영국 사람들에게 부활절은 비가 추적추적 내리는 겨울에서 화창한 봄으로 넘어가는 계절을 맞이하는 축제인 것 같다. 모든 학교들은 2주에서 4주에 걸쳐 방학을 하고, 오랜만에 흩어졌던 가족들이 모여 어린이들과 함께 달걀을 숨겨 놓고 보물찾기Easter Trail를 하거나 가족 휴가를 즐긴다. 우리 가족들도 오랜만에 모두 모였다. 파리의 디자인 회사에서 일하는 첫째 딸 연이가 휴가를 얻어 런던 집에 왔고, 어학연수 중인 둘째 딸 원이도 일주일간의 방학을 맞았다. 우리는 모처럼 함께 영국에서 가장 아름다운 곳 중 하나라는 코츠월드Cotswolds 지방으로 가족 나들이를 갔다.

잉글랜드 중서부에 있는 코츠월드는 바스에서 북동쪽으로 옥스퍼드 서쪽까지 80여 킬로미터 이상 뻗어 있는 아름다운 구릉 지대다. 석회암으로 이루어진 이 구릉 지대는 토층이 얇아 경작을 하기에는 적당하지 않지만, 양을 기르기에는 이상적이어서 중세 시대부터 양모 생산과 무역으로 돈을 많이 벌었다. 이렇게 축적된 부를 바탕으로 코츠월드 사람들은 12세기경에 벌써 이 지방에서 나는 노란 빛깔의 독특한 자연석으로 장엄한 교회와 화려한 집들을 지었다.

우리는 런던의 집을 떠나 3시간 만에 역사적인 양모 생산 지역인 스토

우 온 더 월드Stow-on-the-Wold에 도착했다. 벌꿀 색과 같은 친근
한 빛깔이 나는 돌로 예쁘게 지은 집들이 늘어선 조그만 읍,
스탠턴Stanton의 돌담길을 거닐면서 양모 제품과 기념품을 파는 가게들과
교회를 둘러보았다. 그리고는 보턴 온 더 워터Bourton-on-the-Water로 가서 오
리가 물장구를 치며 놀고 있는 시냇가에 자리를 깔고 집에서 싸 온 삼각김
밥과 옥수수 차로 '풀밭 위의 점심'을 먹었다.

　예전에는 가족들이 함께 식사를 하는 것이 당연지사였다. 하지만 요즘

코츠월드 사람들은 12세기경에 벌써 이 지방에서 나는 노란 빛깔의
독특한 자연석으로 장엄한 교회와 화려한 집들을 지었다.

우리 가족은 보턴 온 더
워터의 풀밭 위에서 점
심을 먹었다.

한국 사회는 무엇 때문에 다들 그리 바쁜지 함께 식사를 하며 오
순도순 이야기를 나누는 것이 어려운 시대가 되었다. 어린아이들
은 학원에 다니느라 정신없고, 중·고등학생들은 자율학습이라
는 이름의 타율적 학교 생활 때문에 밤늦게까지 집에 돌아오지 않는다. 아
빠들은 신자유주의 시대의 무한경쟁에서 도태되지 않기 위해 어쩔 수 없
이 '새벽형 인간'이 되어야 한다. 자연히 가족이 함께 밥을 먹는 일이 드
물어졌다.

그런데 런던에 살면서 영국 사람들의 생활을 살펴보니 철저하게 가정이
우선이다. 토요일, 일요일 등 휴일에 가족과 함께 지내는 것은 당연한 일
이고, 직장에서도 유치원이나 초등학교에 다니는 자녀의 하교시간에 맞춰
일찍 퇴근하는 것이 용인된다. 돈을 더 준다 해도 잔업은 거부한다. 이처
럼 영국인들은 가정을 제일 소중하게 생각하며, 가족끼리 식사를 하는 것
을 매우 중요하게 여긴다.

그런데 한국 사회가 사람을 바쁘게 만들어서 그런지 우리 집이 콩가루
집안이어서 그런지 모르겠지만, 아무튼 언제부터인가 우리 '킴스 패밀리'
도 함께 식사하는 날이 점차 줄어들었다. 더구나 국내외로 흩어져 살기 시

작한 이후 이렇게 함께 밥을 먹으며 이야기를 나누는 것은 매우 드문 일이다. 그래서 이번 코츠월드로의 가족 나들이는 이곳의 아름다운 풍경을 산책하는 것도 큰 즐거움이었지만, 무엇보다 오랜만에 가족과 함께 하는 시간 자체가 더욱 소중했다.

얼마 전 박혜영 선생이 〈한겨레〉 신문 문화 칼럼 〈집 지키는 일이 급진적인 시대〉에서 소개한 웬들 베리의 〈야생 피조물의 평화〉나 윤병언 선생이 소개해 준 예이츠의 〈이니스프리의 호도The Lake Isle of Innisfree〉에 나타난 시 세계와도 상응했다.

세상에 대한 절망이 마음속에 자라날 때
나와 우리 아이들의 삶이 어찌 될까 두려워
한밤중 아주 작은 소리에도 눈을 뜰 때
나는 걸어가 몸을 누이네.

야생 오리가 물 위에 자신의 아름다움을 내려 놓는 그곳에
큰 왜가리가 사는 그곳에.
나는 야생 피조물들의 평화 속으로 들어가네.

그들은 슬픔을 앞질러 생각하면서
자신들의 삶을 괴롭히지 않는다네.
나는 고요한 물의 존재에게도 가네.
그리고 느낀다네.

내 머리 위론 낮엔 보이지 않던 별들이
이제 반짝이려고 기다리고 있음을.
잠시 세상의 은총 속에서 쉬고 나면
나는 자유로워지네.

– 웬들 베리, 〈야생 피조물의 평화〉

이제 나는 가련다. 이니스프리로 가련다.
거기 진흙과 나뭇가지로 작은 집 짓고
아홉 이랑의 콩밭 갈며 꿀벌도 치며
벌 소리 윙윙대는 숲속에 홀로 살리라.

그러면 거기 평화가 있겠지.
안개 낀 아침부터 귀뚜라미 우는 저녁까지
그곳은 밤중조차 훤하고 낮은 보랏빛
저녁에는 홍방울새 가득히 날고.

이제 나는 가련다. 밤이나 낮이나
기슭에 나직이 호숫물 찰싹이는 소리
가로에서나 회색 포도 위에서나
내 가슴속 깊이 그 소리만 들리나니.

– 예이츠, 〈이니스프리의 호도〉

〈마그나 카르타〉가 있는 솔즈베리 대성당 근처에는 유네스코UNESCO가 지정한 세계문화유산 가운데 하나인 스톤헨지Stonehenge가 있다. 고대 영어로 '공중에 달려 있는 돌'이라는 의미의 스톤헨지는 많은 수수께끼를 간직한 채 솔즈베리 대평원에 놓여 있는 환상열석(環狀列石, Stone Circle)이다. 차를 타고 가면서 첫눈에 본 모습은 그리 크지 않게 느껴졌는데, 실제로 가까이 가서 살펴보니 돌기둥 하나하나의 크기가 어마어마했다.

양떼가 한가롭게 풀을 뜯고 있는 드넓은 평원에 누가 이렇게 신비스러운 돌기둥을 팔찌 모양으로 둥글게 세워 놓았단 말인가? 그리고 이 거대한 돌 조형물은 대체 무슨 목적으로 사용되었을까? 이 큰 돌들은 어디에서 가져왔고, 어떻게 운반했을까?

스톤헨지를 보자마자 이런저런 의문이 연이어 떠올랐다. 스톤헨지에 도착해서 이 세계적인 문화유산을 설명해 주는 정보와 서비스를 찾았는데, 일본어, 중국어 통역기는 있었지만 유감스럽게도 한국어 서비스는 아직 준비되어 있지 않았다. 할 수 없이 기념품 가게에서 스톤헨지와 관련된 책 《스톤헨지Stonehenge》를 샀다.

이 책자에 의하면 스톤헨지는 처음부터 돌로 만들어진 것이 아니었다.

기원전 3000년경에는 원형으로 넓게 둑과 도랑을 만들고, 그 가운데 소박하게 나무 기둥을 세웠다. 세월이 점차 흘러 나무가 썩자 기원전 2500년부터 주변 지역의 돌을 가져다가 석주(石柱)를 세우기 시작했다고 한다.

지금 보는 스톤헨지의 바깥에 원형으로 세워진 큰 돌 사르센 석(砂岩石, Sarsen)은 북쪽으로 30킬로미터 떨어진 말버러 고원Marlborough Downs에서 가져왔고, 안쪽 말발굽 모양 안에 있는 작은 돌 청석(靑石, Bluestone)은 240킬로미터나 떨어진 웨일스 서쪽 지방의 프레셀리 언덕Preseli Hills에서 가져왔다.

최고 5톤까지 나가는 이 돌들을 솔즈베리 평원까지 어떻게 옮겨 왔을까 하는 문제에 대해서는 아직도 의견이 분분하다. 다만 대체로 가까운 북쪽의 사르센 석은 나무로 레일을 만들어 육로로 운송했고, 멀리 있던 청석은 바다와 강에 뗏목을 띄워 운반했을 것이라고 추정한다고 한다.

청동기 사람들은 이 돌들로 지금 우리가 보는 스톤헨지를 만들었다. 주변에 둥글게 지름 114미터의 도랑과 둑을 쌓고, 그 안쪽에 이중으로 30여 개의 고리 모양의 돌기둥과 말발굽 모양의 돌기둥을 세웠다. 바깥 돌기둥 위에는 돌을 난간처럼 걸쳐 놓았다. 그리고 안에는 사각형의 광장을 만들고, 그 중간에 해 뜨는 방향을 가리키는 힐 스톤Heel Stone을 세웠다. 하지(夏至, Midsummer)에는 해가 힐 스톤 바로 위에서 떠올라 중앙 제단석을 비춘다. 이로 미루어 연구자들은 스톤헨지가 천문학적 토대 위에서 축조되었다고 말하는데, 이는 사실인 것 같다.

기원전 3000년 전에 이곳에 살던 영국 선주민들은 보리와 밀을 경작하면서 우유, 고기, 털가죽을 얻기 위해 동물을 사육했다. 그들에게 해가 짧아 빨리 어두워지고 먹을 것이 부족한 겨울은 불안과 공포의 시기였다. 그래서 해가 길어져 곡식이 자랄 수 있고, 키우는 가축들이 풀을 뜯을 수 있는 계절이 빨리 돌아오기를 간절히 염원했다. 그들에게 햇볕은 생명과도 같았기 때문이다. 스톤헨지가 바로 해가 가장 길고 짧은 하지와 동지(冬至, Midwinter)를 분명하게 인식할 수 있도록 설계된 것은 바로 이런 이유 때문이었다.

그런데 스톤헨지의 돌기둥은 우리나라의 고인돌처럼 자연석을 그대로 이용해 굄돌과 덮개돌을 만들지 않았고, 매끈하게 깎아서 의도적으로 둥글게 배치했다. 이 시대가 청동기 시대로 솔즈베리의 선주민들은 금속으로 농기구를 만들어 경작에 사용하는 한편 편리한 연장을 만들어 생활에 이용한 것으로 보인다. 스톤헨지의 돌기둥을 매끈하게 다듬은 것은 바로 이런 금속으로 만든 연장을 사용했기 때문에 가능했을 것이다.

영국 고고학계의 수차례에 걸친 발굴 조사와 연구에도 스톤헨지의 비밀은 아직까지 완전히 밝혀지지 않았다. 스톤헨지가 당시 선주민들의 태양 숭배 관습과 관련이 있다면 태양에게 제사 지내는 제의를 정기적으로 행했을까? 제사를 지냈다면 어떤 절차로 의식을 진행하고, 무슨 노래를 불렀으며, 어떤 춤을 추었을까? 그 제의는 자연발생적인 소박한 것이었을까 아니면 정교하게 기획된 것이었을까? 돌기둥에 꽃으로 장식한 화환을 걸거나 색칠을 했을까 하는 등의 의문이 남아 있다.

스톤헨지가 신비스럽게 보이는 것은 이렇게 아직도 풀리지 않은 수수께끼를 간직하고 있기 때문일 것이다. 이는 사람도 마찬가지가 아닐까.

7. 사슴의 천국, 리치먼드 파크

혼히 인생을 연극에 비유한다. 인생에는 끊임없이 사건이 벌어지고, 사건을 일으키는 사람이 있고, 활동하는 시간과 공간이 있다. 즉 연극의 3대 요소인 사건, 인물, 배경과 완벽하게 조응한다고 할 수 있다.

영국 사람들이 산업혁명을 선도하고 오늘날 우리가 보는 이러한 문화유산을 남긴 데는 그들의 창조적 도전 정신이 밑바탕이 되었을 것이다. 그러나 이와 함께 섬나라라는 지정학적 위치와 풍요로운 자연환경이 있었다는 사실도 결코 무시할 수 없다. 겨울에 비가 자주 와서 으슬으슬한 느낌을 주는 것이 사실이지만, 영국은 해양성 기후라 겨울에도 영하로 내려가지 않고 여름에는 최고기온이 25도를 올라가지 않아 살기에 쾌적한 편이다. 비도 한꺼번에 많이 내리지 않고 조금씩 자주 내려서 곡식과 풀, 꽃과 나무가 자라기에 적당하다. 또 먼지가 날리지 않아 길과 차들이 모두 깨끗한 편이다.

우리나라의 정권은 바뀌고 바뀌어도 별로 신통치 않은 데 비해, 영국이라는 나라는 어떤 사람이 말한 대로 '별로 바꾸지 않아도 그대로 행복한 나라'인지 모르겠다.

지난해 7월 영국에 온 우리에게 방문학자로 1년 먼저 와 있던 고려대 국

리치먼드 파크의 사슴들

문과의 장효현 선생이 소개해 준 런던의 명소 가운데 하나가 리치먼드 파크Richmond Park였다. 한 달 이상 같이 지내다 먼저 귀국한 장 선생 부부는 처음 영국 살림을 하느라 모든 것이 낯설고 서툰 우리에게 많은 도움을 주었다. 일주일에 한 번 차로 테스코와 코리아 푸드 같은 마켓에 데려가서 생필품과 식료품을 사도록 편의를 봐 주는 한편, 귀갓길에는 꼭 런던의 명소 한 군데를 구경시켜 주는 호의를 베풀었다.

우리는 장 선생님이 착한 가격에 넘겨 준 영국산 빨간 복스홀 차를 탈 때마다 런던 생활 초기에 베풀어 준 두 분의 친절과 후의를 이야기하곤 했는데, 그때 구경한 곳 중 가장 인상적인 곳이 바로 리치먼드 파크였다.

수백 마리의 사슴이 뛰놀고 있는 리치먼드 파크는 런던에서 제일 큰 왕립 공원Royal Park이다. 넓이가 1,000헥타르(2,500에이커)에 달하는 자연생태 공원으로, 안에 조성된 산책로만 12킬로미터에 달한다. 이렇게 엄청난 규모의 공원이다 보니 차와 사람이 드나들 수 있는 큰 문이 다섯 개나 되고 사람만 들어올 수 있는 작은 문도 대여섯 개에 달한다. 공원 안에는 차도와 자전거 도로, 사람이 산책할 수 있는 숲길과 말을 타고 갈 수 있는 흙길이 고루 조성되어 있고, 큰 호수와 골프장, 몇 팀이 동시에 축구와 럭비 경기를 할 수 있는 잔디 운동장, 공원 안의 공원이라고 할 수 있는 이사벨라 가든, 차와 휴식을 취할 수 있는 로지lodge, 왕립 발레 학교 등이 들어서 있다. 넓은 공원 가운데는 리치먼드 파크의 상징인 수백 년 묵은 참나무 숲과 고사리 밭 사이에 사슴과 다람쥐를 비롯한 1,500여 종의 동식물들이 서식하고 있어서 공원 안에서는 차가 20마일 이상 달리지 못하도록 규제하고 있다.

도심 한가운데 이런 대규모의 자연생태 공원을 가지고 있는 런던 사람들은 행복하다고 하지 않을 수 없다. 휴일에는 가족들끼리 개를 데리고 소풍을 나와 잔디밭에 자리를 펴 놓고 햇볕을 쬐면서 축구, 럭비, 연 날리기, 비행접시 던지기 같은 놀이를 하거나 자전거를 타고 산책을 하는 것이 런더너들의 가장 자연스러운 일상생활이다.

평일에도 리치먼드 파크에는 사람들이 모여든다. 오전에는 주로 아기 엄마들이 삼삼오오 짝을 지어 즐겁게 수다를 떨며 호숫가를 산책하는 것이 눈에 띈다. 낮에는 머리가 희끗희끗한 노인들이 리치먼드 게이트 옆에 있는 펨브로크 로지Pembroke Lodge의 레스토랑과 카페에 앉아 템스 강을 바라보면서 식사를 하거나 홍차를 마시는 광경을 많이 볼 수 있다.

한 달에 165파운드의 지방정부세(Council Tax, 일종의 주민세)를 킹스턴 지방의회에 꼬박꼬박 납부하고 있는 당당한 런던 주민인 우리는 내가 학교에 가

지 않는 날, 별일이 없으면 이곳 리치먼드 파크에 와서 시원한 바람을 쐬며 숲길을 거닐며 산책을 하거나, 아름답게 가꾸어진 이사벨라 가든에 들어가 철마다 바뀌는 꽃과 나무를 바라본다.

리치먼드 파크의 심장이라 할 수 있는 이사벨라 가든 구경은 봄철이 제일이라고 해서 우리는 매주 빠지지 않고 이곳에 들러 아네모네, 수선화, 벚꽃, 목련, 동백꽃, 철쭉, 아자리아, 로도덴드롱, 브루벨이 번갈아 피고 지는 꽃의 향연을 즐기고 있는데, 이번 주에는 철쭉이 한창 붉은 빛을 뽐내고 있었다.

2009년은《종의 기원》을 써서 인간관의 혁신을 가져 온 찰스 다윈이 탄생한 지 200년이 되는 해다. 영국 곳곳에서 이를 기념하는 행사가 다채롭게 벌어지고 있다. 다윈이 태어난 슈루즈버리Shrewsbury의 생가를 방문하는 프로그램, 다윈의 아이디어를 조명하는 자연사박물관의 특별 전시회가 있는 것은 물론이고, 다윈의 모교인 케임브리지 대학 크라이스트 칼리지Christ's College에서는 다윈이 학창 시절 공부하던 방과 거닐던 정원을 복원하기도 했다.

그중 런던 시내의 유명한 식물원인 큐 가든Kew Garden에 아름다운 꽃과 모종을 공급해 주는 웨이크허스트Kew at Wakehurst에서도 다윈의 발자취를 따라가는 '사색하는 산책Thinking Walk'을 할 수 있다는 소식을 들었다. 이에 방문학자로 온 청주대학교의 정초시 교수 부부와 런던 남쪽에 있는 웨이크허스트를 찾았다. 정 교수는 올 2월 말 소아스로 6개월간 연구년을 나왔는데, 자동차가 없어 근교 나들이를 못하는 것 같아 바람이나 쐬러 나가자고 부추긴 것이다.

웨이크허스트는 세계에서 제일 큰 야생식물 씨앗은행Millennium Seed Bank을 갖고 있는 것으로 유명하다. 실제로 이곳에는 2만 1,720종의 10억 개가 넘

는 씨앗을 보관하고 있으며, 가까이 있는 서식스 대학University of Sussex과 협력하여 야생 식물의 종자 연구를 진행하고 있다. 올해 큐 가든과 웨이크허스트도 마침 250주년을 맞았다.

야생 식물에 관심을 갖고 있던 찰스 다윈은 큐 가든의 초창기 기획 책임자 조지프 후커Joseph Hooker 경과 평생 친구로 지냈다. 다윈은 상세한 주석이 있는 식물 리스트가 절실히 필요하다는 것을 깨닫고, 자기가 만든 작지만 유용한 정보를 큐 가든에 건넸다. 그러면서 앞으로 이것을 더욱 발전시켜 달라고 부탁했다는데, 그 성과로 나온 것이 《큐 식물목록Index Kewensis》으로 불리는 식물색인이다.

다윈은 케임브리지 대학에서 신학을 전공했지만 원래 생물학에 관심이 많았다. 여행과 야외활동을 좋아하여 많은 시간을 가족들과 함께 자연을 찾아다녔고, 특히 꽃과 나무들의 품종 문제에 깊은 관심을 가지고 관찰을 하였다. 그는 관찰과 연구를 진행하다가 풀리지 않는 문제가 있으면 자기가 특별히 개발한 산책 코스를 따라 '사색하는 산책'을 하며 사색에 잠기기도 했는데, 이것은 그의 중요한 일과 중 하나였다고 한다.

조선 후기의 실학자 이덕무 선생도 공부하는 젊은이들에게 이렇게 권했다.

"밤에 책을 읽을 때는 삼경(밤 11시에서 새벽 1시 사이)을 넘기지 않도록 하라. 그리고 책을 읽다가 글맛이 없으면 억지로 읽으려 애쓰지 말고 책을 접고 편안한 걸음으로 산보를 하되, 삼사십 리를 넘지 않도록 하라."

사실 얽힌 문제나 복잡한 세상사를 깨끗하게 정리하는 데는 '사색하는 산책'보다 좋은 것은 없을 것이다. 그래서 온갖 종류의 꽃과 들풀의 씨앗을 연구하고 온실에서 모종을 내고, 봄이 되면 그것을 야외 정원과 들판에 내다 심는 웨이크허스트에서 산책하는 것은 분명 '다윈의 발자취를 따른 사색하는 걷기'임에 틀림없다.

실제로 큐 가든에서는 전문가가 직접 학생들이나 일반인 신청자들을 웨이크허스트의 숲길로 안내하면서 "풀들은 산짐승들에 의해 갉아 먹혀도 어떻게 잘 자라나는 것일까?"라는 질문을 던지거나 "다양한 모양의 잎들을 바라보라."라는 등 생각할 거리를 던지는 프로그램을 진행하고 있다. 그러나 우리는 알아서 잘하는 사람들이라 '스스로 안내하는 생각하는 걷기'를 하기로 했다.

먼저 맨션 하우스에 들어가 온갖 식물을 그린 그림과 표본을 살펴보고, 연못가에 조성된 정원을 둘러보았다. 언덕을 따라 조성된 숲길을 거닐자

웨이크허스트의 한적한 숲길. 푸른 녹음과 들꽃들이 조화를 이룬다.

나무 밑에 보라색 블루벨이 지천으로 피어 있었다. 웨이크허스트에는 봄이 되면 수선화와 목련, 동백꽃과 로드덴드롱, 크로커스 등이 연이어 피는데 지금은 블루벨과 야생 들꽃이 한창이었다. 우리는 다윈의 발자취를 따라 들풀과 참나무가 어우러진 언덕길을 산책하면서, 꽃잎 하나 풀 한 포기 나무 한 그루에 숨어 있는 자연의 오묘한 조화와 이를 아름답게 가꾸어 온 사람들의 손길에 정말 고마움을 느꼈다.

달과 별이 하늘을 수놓는 '천문(天文)', 인간이 만든 문자와 그림을 '인문(人文)'이라고 한다면, 웨이크허스트에 아름답게 피어 있는 들꽃과 나무는 이 땅을 수놓는 '지문(地文)'임에 틀림없다.

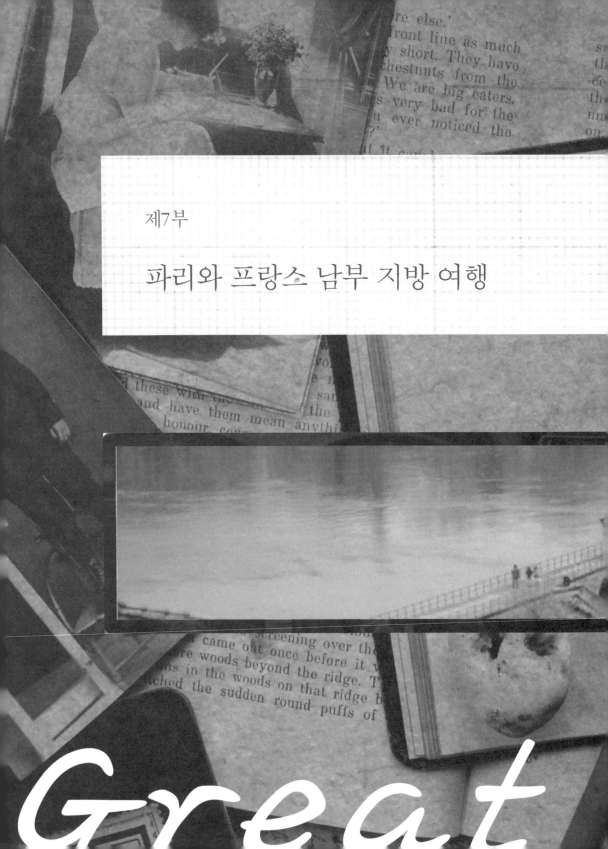

제7부

파리와 프랑스 남부 지방 여행

he sky above a broken

s; soft puffs with a yell

saw the flash th

all dist

were the

a bombardm

guns were fi

ritain

#1. 파리,
아름다운 것과
진실한 것

　지난 월요일부터 토요일까지 6일간 큰딸아이가 살고 있는 파리에 다녀 왔다. 얼마 전 도버 해협의 해저 터널을 통과하던 유로스타에 화재가 발생해 인명사고가 일어나 좀 불안했지만, 표를 싼값으로 미리 예매했고, 비행기를 이용하는 것도 번거로워 그냥 유로스타를 탔다.

　이번 파리행에는 두 가지 목적이 있었다. 첫 번째는 몽마르트르에 사는 큰딸아이가 어떻게 살고 있나 살펴보는 것이고, 둘째는 예전에 단체여행으로 들렀을 때 보지 못한 오르세 미술관을 비롯해 문화 지역을 몇 군데 돌아보는 것이다.

　영국에서 석사 학위를 마치고 작년부터 소르본 대학에서 공부하던 큰딸연이는 올해 파리의 디자인 회사에 취직해 몹시 바쁜 나날을 보내고 있다. 끼니도 제대로 챙겨 먹지 못하는 것이 안타까워 여행 가방에 막내 외숙모가 추석 선물로 보내 준 김을 비롯해 햇반과 김치, 멸치조림, 오징어무침, 오이소박이, 게장 같은 밑반찬을 잔뜩 챙겨 넣었다.

　파리에 도착한 다음 날 아내와 나는 매우 바빴다. 아내는 우선 냉장고와 가스레인지를 깨끗이 닦고, 밀린 빨래를 세탁기에 돌려 놓은 뒤 집 근처 모노프리(Monoprix, 프랑스의 대중적인 슈퍼마켓)에 가서 과일과 식료품들을 사왔다. 그

사이 나는 변기 커버를 바꾸고 집안을 청소했다. 오랜만에 어미와 아비 노릇을 좀 해 본 것 같았다.

이렇게 딸아이의 생존 문제를 어느 정도 해결해 준 후, 파리의 예술과 문화 탐방에 나섰다. 오르세 미술관과 루브르 박물관 관람에는 나와 같은 과에 근무하는 김명인 선생의 딸 한결 양의 도움을 받았다. 한결 양은 현재 소르본 대학원에서 미술사를 공부 중인데, 중세에서 르네상스로 넘어오는 시기의 화가들에게 특히 관심을 가지고 있었다. 루브르 박물관에 전시되어 있는 이탈리아 화가들의 성화(聖畵)들과 네덜란드 화가들의 사실적인 그림들을 비교해 설명해 주었는데 매우 흥미로웠다.

그런데 나는 그 유명한 〈모나리자〉를 비롯하여 수많은 명화들을 소장하고 있는 루브르 박물관보다 마네, 모네, 고흐같이 잘 알려진 인상파 화가들의 그림을 집중적으로 모아 놓은 오르세 미술관이 더 마음에 들었다. 특히 고독과 가난 속에서도 평생을 진실한 인간의 감정을 표현하려 애쓴 고흐의 명화들을 직접 대면하는 감회는 남달랐다.

런던의 내셔널 갤러리에 전시된 고흐의 〈해바라기〉, 템스 강변에 있는 코톨드 미술관에서 〈귀에 붕대를 감은 자화상〉을 이미 본 나는 오르세 미술관의 고흐 전시실에서 귀가 잘리기 전의 자화상과 고향과 들판의 농부를 그린 풍경화, 집과 화로에 불을 지피는 여인을 그린 작품들을 집중적으로 보았다. 고흐 스스로 "농부가 밭을 갈듯 나는 캔버스를 일군다."라고 언명하였듯이, 그의 작품에는 감자 먹는 사람들과 뜨개질하는 여자들, 낫으로 밀을 베는 농부와 광부들의 모습이 등장한다. 그의 치열한 예술혼이 담긴 작품들은 우리로 하여금 고흐의 인간과 자연에 대한 애틋한 사랑과 열정을 느끼게 해 준다.

딸아이 집에 머물면서 오르세와 루브르 외에도 오랑주리 미술관에 들러 모네가 살던 지베르니의 연못을 그린 〈수련〉 연작도 관람하고, 생 샤펠 성당을 장식한 찬란한 색상의 스테인드글라스, 노트르담 성당과 소르본 대학과 근처 고서점, 사르트르가 즐겨 들렀다는 카페와 뤽상부르 정원, 센 강변을 두루 둘러보았다.

그리고 마지막 날에는 프랑스의 양심으로 불리는 소설가 에밀 졸라(Émile Zola, 1840~1901)의 무덤을 찾아갔다. 그가 잠들어 있는 곳은 큰아이가 살고 있는 몽마르트르의 오른쪽 언덕 아래 있는 몽마르트르 19묘역이었다.

프랑스는 혁명의 나라답게 사르트르, 시몬 베유, 앙드레 말로 같은 실천적 지식인을 많이 배출했지만, 나는 그중에서 행동하는 지성 에밀 졸라를 특히 좋아한다. 그는 억울하게 간첩 혐의를 받아 군사재판에서 종신형을 선고받은 드레퓌스 대위 사건의 허구성을 고발하고자 1898년 진보 성향의 일간지 〈로로르L' Aurore〉에 〈나는 고발한다!〉라는 글을 실어 국가 권력의 횡포에 맞섰다. 드레퓌스 사건 당시 에밀 졸라의 행동은 전 세계 지식인의 표상처럼 되었지만, 그 이전에도 에밀 졸라는 객관적 사실에 입각하여 늘 억울한 사람을 옹호하려 애썼다.

오르세 미술관에서 모네, 고흐와 나란히 인상파의 거장으로 대접받고 있는 마네도 에밀 졸라의 옹호를 받고 성장한 화가라고 할 수 있다. 마네가 〈피리 부는 소년〉을 그렸을 때, 그림이 평면적이라는 이유로 살롱에서 냉대를 받았다. 전통적인 관습과 기법을 파괴하고 검은색과 붉은색, 흰색만으로 소년의 실루엣을 그렸기 때문이다. 이때 에밀 졸라는 "이렇게 간

결한 필치로 힘 있는 미적 효과를 내기란 결코 쉬운 일이 아니다."
라면서 마네만의 독특한 기법과 인상적인 작풍을 적극 변호하였
다. 마네는 이에 크게 용기를 얻고 뜻이 맞는 화가들과 정기적인 모임을
가지며 예술운동을 일으켰다. 그리고 후대 미술사가들에 의해 '19세기 인
상파의 거장'이라 불리며 독자적인 미술 세계를 구축해 나갈 수 있었다.

이번에 파리에서 만난 마네와 모네와 고흐는 아름다운 그림으로 나를
감동시켰고, 몽마르트르 묘지에 잠들어 있는 에밀 졸라는 이 시대의 지식
인이 과연 무엇을 해야 하는가 하는 숙제를 안겨 주었다. 또한 낯선 환경
에서 열심히 공부하는 한결이와 새로운 세계에 과감하게 도전하는 연이는
나에게 미래의 희망을 느끼게 해 주었다.

파리에서 만난 마네와 모네와 고흐는 아름다운 그림으로 나를 감동시켰고,
몽마르트르 묘지에 잠들어 있던 에밀 졸라는 이 시대의 지식인이
과연 무엇을 해야 하는가 하는 숙제를 안겨 주었다.

　연말연시 휴가를 큰딸과 같이 보내기 위해 다시 한 번 파리로 향했다. 이번에는 아침 일찍 승용차를 몰고 런던 체싱턴 집을 떠나 도버 해협까지 와서 '몰리에르'라는 프랑스 배를 타고 프랑스로 향했다. 도버 해협을 배로 건너는 데는 한 시간 반밖에 걸리지 않았다. 배가 접안한 곳은 로댕의 〈칼레의 시민〉 조각상으로 유명한 칼레였다.

　1347년 영국과 프랑스 사이에서 벌어진 백년전쟁 당시 칼레 시는 영국군에 포위되어 도륙의 위험에 처했다. 이때 칼레 시민을 대표하는 여섯 사람이 목에 밧줄을 매고 영국 왕 에드워드 3세에게 나아가 자신들을 처형하고 시민들은 해치지 말라고 호소했다. 마침 임신한 왕비가 자비를 베풀자고 간청했고, 이로써 도시를 누란의 위기에서 구할 수 있었다. 칼레는 이처럼 감동적인 역사를 가진 곳이다.

　칼레에서 파리까지는 네 시간 정도 걸리지만 처음 국도를 따라 가느라 다섯 시간이 걸렸다. 내비게이션이 틈틈이 심술을 부려 본의 아니게 지방 도로를 탔지만, 프랑스의 완만한 구릉지와 시골 풍경을 볼 수 있어서 오히려 좋았다. 어두워진 후에 몽마르트르 언덕으로 올라가는 입구 근처에 있는 큰아이 집에 도착했다.

우리가 도착한 다음 날은 12월 24일로 크리스마스 이브였지만, 큰아이는 회사에 출근했다. 아내는 설거지와 반찬 장만, 빨래를 하느라 오전 내내 바빴고, 나는 이번에 트렁크에 가득 싣고 온 딸아이의 책과 파일, 노트를 꺼내 정리하고 대청소를 했다.

오후에 퇴근하는 딸아이를 만나기 위해 차는 집 근처 차고에 맡겨 두고 버스를 타고 개선문으로 나갔다. 개선문에서 콩코르드 광장에 이르는 샹젤리제 거리는 크리스마스 이브를 즐기려는 파리 시민들과 세계 각국에서 온 관광객들로 붐볐다. 큰아이를 만났을 무렵 거리는 이미 어두워지기 시작했는데, 그때 샹젤리제 거리 가로수에 설치한 크리스마스 조명등에 파란 불이 켜졌다. 작은 별 모양을 한 꼬마 전등의 파란 불빛은 신비로웠다. 나무 위에서 땅으로 내려오는 불빛은 마치 별이 떨어지는 것처럼 보였다.

딸아이와 손을 잡고 아름다운 샹젤리제 거리를 걸은 후, 100년 전 만국박람회 때 지었다는 그랑 팔레Grand Palais에서 열리는 영상 축제를 보러 갔다. 전시 기획의 주제는 '밤, 그리고 이미지'였는데, 크고 작은 화면에 펼쳐진 다채로운 영상도 흥미로웠지만 건물 외관에 레이저로 쏘는 문자 이미지도 재미있었다. 이 영상 전시를 보면서 프랑스 사람들이 자기의 언어

와 문화를 지키는 데 고집을 부리지만, TGV 열차 개발에서 보듯이 새로운 최첨단 기술과 디지털 문명을 도입하는 데는 매우 적극적이라는 생각이 들었다.

그랑 팔레를 나와 다시 콩코르드 광장 쪽으로 걸어가자 대로 옆에 크리스마스 마켓이 열리고 있었다. 각국 국기를 꽂아 놓은 임시 천막 가게에서 털장갑, 빨간 모자, 크리스마스 장식품과 액세서리, 케이크와 과자 등을 팔고 있었다. 우리는 천천히 가게 앞을 걸으며 이곳저곳을 둘러보았다.

콩코르드 역에서 지하철을 타고 집으로 돌아와 가족끼리 조촐하게 크리스마스 이브 파티를 열었다. 난생 처음 크리스마스 특별 요리인 칠면조 구이를 먹고, 올해 생산된 보졸레 누보 와인으로 건배를 했다. 그리고 준비한 크리스마스 카드와 선물을 주고받았다.

딸아이는 내년에 월급이 오른다며 엄마에게는 털로 된 옷깃이 달린 갈색 스웨터를, 나에게는 클래식 1,000곡을 담은 아이팟과 주먹 모양의 휴대용 스피커를 선물했다. '제 닭 잡아먹기'인 줄 알면서도 아내는 입이 벌어졌고, 나도 기분이 '트레비엔(Trés Bien, 매우 좋다)' 되었다. 이번에 프랑스 휴가를 마치고 돌아갈 때 내 지갑에 남은 유로의 주인은 이미 결정된 것 같다.

3. 리옹의
    트람과 벨러브

1780년, 연암 박지원 선생이 연행사의 수행원으로 북경과 열하를 방문하고 돌아와서, 중국의 위대함은 벽돌과 수레에 있다고 한 바 있다. 해외에 나간 사람들이 제일 먼저 접하는 것은 차가 다니는 도로와 이국적인 건축물일 것이다. 비행기로 공항에 내려 시내로 진입하는 도로가 첫 인상을 좌우하고, 우리나라와 다른 건물과 상가, 주택과 공원은 우리의 시선을 사로잡는다.

파리를 떠나 운전대가 오른쪽에 달린 영국 차를 용감하게 몰고 남쪽 마르세유로 향하다가 아름다운 리옹에서 하룻밤 자고 가기로 했다. 리옹은 프랑스 제3의 도시로 시가지의 넓이와 건축물들의 규모는 파리에 비해 작다. 하지만 시내를 가로지르며 흐르는 론 강과 손 강은 수량이 풍부해서 여객선이 다닐 정도고, 강 위에 놓여 있는 다리들도 정취가 있다. 숙소에 여장을 풀고 걸어서 시내를 돌아보는데, 제일 눈에 띄는 것이 시가지를 운행하는 트람Tram과 지하철 역마다 비치된 공공 무인 자전거 대여 시스템인 벨러브Vélo'v였다.

초등학교 시절 서울 외갓집에 놀러 와서 본 전차에 대한 아련한 추억을 간직하고 있는 내가 이곳 리옹에서 길거리에 놓인 레일을 따라 운행하는 전차를 다시 볼 줄이야. 어린 시절에 타 본 동대문에서 뚝섬으로 가는 전차는 직사각형 모양의 외관에 내부에 나무 의자가 있었던 것으로 기억한다. 반면 리옹의 트람은 박태환 선수처럼 미끈한 유선형으로 생겼다. 서울의 전차는 근대화가 진행되고 자동차가 늘면서 어느 틈엔가 사라졌다. 그때부터 서울의 거리는 더욱 혼잡해지고, 매연과 먼지만 많아지게 되었다. 리옹의 트람은 부디 그런 전철을 밟지 않기를……

그런데 트람은 비단 리옹에만 있는 것이 아니었다. 이번 겨울 휴가 때 들른 마르세유, 니스, 보르도에서도 전차가 다니는 모습을 볼 수 있었다.

리옹의 트람은 '벨러브'라고 부른다. 벨러브는 자전거라는 의미의 프랑스 어 '벨로Vélo'와 영어 '러브Love'의 합성어인데, 파리에서 성공적으로 정착한 '벨리브'(Vélib, 벨리브는 '벨로'와 자유를 의미하는 '리베르테(Liberté)'의 합성어다) 시스템을 도입한 것이다.

프랑스 사람들은 특히 자전거를 좋아하는 것 같다. 자전거 경기가 인기 스포츠 중 하나여서 매년 7월 파리에서 프랑스 전역을 2~3주 동안 자전거로 일주하는 '투르 드 프랑스Tour de France' 경기가 열린다. 최근 영국 신문에는 프리미어 리그 소식과 함께 매일 카레이서 루이스 해밀턴이 등장하곤 하는데, 프랑스에서는 지옥의 레이스로 불리는 이 자전거 대회의 우승자 랜스 암스트롱에 대한 인기가 아직도 대단해서 신문과 방송의 인기 소재라고 한다. 랜스 암스트롱은 7년간 이 대회를 제패하였을 뿐만 아니라, 고환암이 뇌까지 전이되어 뇌 조직의 일부를 도려낸 상태에서도 1999년 투르 드 프랑스 우승을 거머쥠으로써 인간 승리를 보여 준 주인공이다.

프랑스 주요 도시의 지하철 역마다 자전거가 비치되어 있는 것을 보면

프랑스 국민들이 자전거 타기를 좋아하는 것은 분명하다. 파리 시와 리옹 시가 자전거의 이름을 '벨리브'와 '벨러브'로 붙인 것처럼, 파리 시민들은 자전거를 타고 다니며 '자유'를 즐기고, 리옹 시민은 자전거를 타고 다니며 '사랑'을 속삭이는 것일까.

남들은 리옹의 명물이 언덕 위에 '메르시 마리_{Merci Marie}'가 새겨진 성당과 구시가지라고 하지만, 나는 연암 선생의 영향을 받아서 그런지 리옹의 명물은 트람과 벨러브라고 말하고 싶다.

4. 아비뇽의 다리

연말연시 2주 동안 돌아 본 마르세유, 아비뇽, 아를, 님, 액상 프로방스, 니스 같은 프랑스 남부 지방 도시들은 지중해에 면해 있는 도시여서 겨울인데도 날씨가 비교적 쾌청하고 온화했다. 그래서 니스 해변에 19세기 중반부터 비가 자주 내리고 으슬으슬하게 추운 런던을 떠나 이곳에서 겨울 휴가를 보낸 영국 사람들 덕분에 '영국인 거리'가 생겼다고 한다.

따뜻한 이곳 프랑스 남부 도시를 좋아한 것은 런더너나 파리지앵만은 아니다. 세잔, 고흐, 샤갈, 마티스를 비롯한 유명 화가들도 풍광이 좋은 이곳에 터를 잡고 그림을 그렸다. 이번에 찾아간 아를에는 고흐 기념관이, 액상 프로방스에는 세잔의 동상이, 니스에는 샤갈과 마티스 미술관이 있었다. 이런 화가들의 작품이 반갑기는 했지만, 이미 알고 있는 것들이라 새로운 감동을 불러일으키지는 않았다. 또한 역사가 깊은 성당들도 자주 봐서인지 별 흥미가 없었다.

나는 차라리 이 도시들의 옛 골목길과 작은 광장에 마련되어 있는 조그만 분수, 건축물의 앞과 모서리에 장식된 문장과 조각을 재미있게 보았고, 아비뇽의 로셰 데 돔Rocher des Domes 공원에서 바라본 아비뇽의 다리는 특히 인상 깊었다.

'생 베네제 다리ₜₕₑ Pₒₙₜ Sₜ. Bénₑzₑₜ'라고 불리는 아비뇽의 끊어진 다리
는 성벽의 높이가 50미터, 두께가 4미터에 달해 마치 거대한 요새처럼 지
어진 교황청 건축물과 대조가 되어 여행 내내 머릿속을 떠나지 않았다.

14세기, 프랑스의 막강한 왕권에 휘둘려 교황 착좌식을 하였지만 로마
로 가지 못하고 아비뇽에 머물 수밖에 없었던 프랑스 출신 교황 클레멘스
5세가 지은 견고한 교황청, 그리고 12세기 후반 아비뇽 시를 감싸며 흐르
는 론 강 위에 22개의 아치형 돌다리를 건설했지만 홍수로 인해 이제 네
개 밖에 남지 않은 생 베네제 다리는 내게 묘한 느낌을 주었다.

당시 왕권과 교황권의 갈등을 '그들만의 리그'라고 생각한 아비뇽의 민
초들은 비록 홍수로 생 베네제 다리의 교각이 절반 이상이나 무너졌지만,
남아 있는 다리 위에서 이렇게 노래를 부르며 춤을 추었다고 한다.

아비뇽 다리 위에서

우리 모두 춤추네

아비뇽의 다리 위에서

서로 서로 손잡고 원을 그리며 춤추네

아이들이 간다네 어른들도 간다네

병정들이 간다네 일꾼들도 간다네

아비뇽 다리 위에서

우리 모두 춤추네

아비뇽 다리 위에서

서로 서로 손잡고 원을 그리며 춤추네

신부님이 간다네 꾸러기도 간다네

꽃장수가 간다네 배장수도 간다네

– 프랑스 민요, 〈아비뇽의 다리 위에서〉

5. 프랑스의 포도 농사

프랑스 남부 지방에서 일주일 동안 휴가를 보내고 파리로 돌아오는 길에 보르도에 들렀다. 파리에서 마르세유 별장에 올 때 리옹에서 하룻밤 자고 왔듯이 돌아갈 때도 무리하지 않고 보르도에서 하루 쉬었다 가기로 한 것이다. 사실 리옹을 거쳐 파리로 돌아가는 동쪽 고속도로가 빠른 길이었지만, 이왕 프랑스를 한 바퀴 돌 바엔 포도주의 본고장인 보르도를 구경하고 가자는 심사에서 좀 돌아가는 서쪽 고속도로를 탔다. 길이 먼 것 같아 아침 일찍 떠났는데도 보르도에 들어서니 거의 일몰 시간인 네 시 반쯤이었다.

보르도 시도 리옹 시와 마찬가지로 강을 끼고 도시가 조성되었다. 넓은 강변과 도로를 오른쪽에 두고 왼쪽으로 고풍스러운 대리석 건물들이 끝없이 들어서 있어 첫눈에 화려한 느낌을 준다.

내비게이션의 지시를 따라 차를 몰고 숙소인 아파트 밸리Apart Vally를 찾아 시청사 앞을 지나가는데, 마침 가자 지구를 무차별 폭격한 이스라엘의 만행을 규탄하는 팔레스타인 사람들과 인권 단체들의 깃발이 보였다. 운전 중이라 마음으로만 성원을 보내야 하는 것이 안타까웠다. 숙소에 도착해서 짐만 방에 갖다 둔 후, 어두워지기 전에 시내를 돌아보고 '보르도 와인'도 몇 병 살 요량으로 서둘러 밖으로 나왔다.

산책을 주 전공으로 하는 나는 먼저 강변을 따라 거닐었다. 보르도 시 주변을 감싸고 흐르는 강 건너편에도 역시 포도 농사를 주업으로 하는 큰 농가 주택이 보였다. 이번에 프랑스를 거의 한 바퀴 돌면서 곳곳에 끝없이 펼쳐진 포도밭을 보았는데, 이곳 보르도 시 주변은 더 말할 것도 없이 포도밭 천지였다.

프랑스 사람들은 불편한 것은 참아도 아름답지 못한 것은 참지 못하는 미적 감각을 지니고 있다고 한다. 또 식사를 할 때 와인을 빼놓지 않는다는 말도 있다. 그만큼 아름다움과 여유를 즐긴다는 이야기인데, 나는 그것이 바로 프랑스가 농업 국가이기 때문에 가능한 것이 아닐까 생각한다. 에리히 아우어바흐Erich Auerbach가 《미메시스》에서 지적한 대로, 예술은 원래 자연을 모방한 데서 비롯된 것이고, 여유와 멋도 농사를 지어 안정되게 먹고 살 수 있는 기반 위에서 가능한 것이 아닐까. 유가 경전에서 살림이 넉넉해진 후에야 예의와 염치가 생긴다고 했지만, 우리가 밀레의 그림에서 확인하듯이 프랑스의 문화와 예술은 풍요로운 포도 농사를 비롯한 탄탄한 농업 경제를 기반으로 하여 꽃핀 것 같다. 우리가 돌아본 보르도 시의 화려한 건축물과 아름다운 모습은 필경 '보르도'라는 고유 라벨을 붙여 판 와인 경제에 힘입은 것임에 틀림없다.

나는 이번 프랑스 여행을 마치면서 '농사가 천하의 근본(農者天下之大本)'이라는 명언의 의미를 새삼스레 깨달았다. 지금 우리나라에는 미국발 세계 금융 위기의 여파로 실물 경제가 위축되어 기업의 도산과 고용 불안 사태가 발생하고 있고, 사회 전 분야에 미래에 대한 불안감이 엄습하고 있다.

프랑스의 농촌 지방

우리나라의 살 길이 수출에 있고, 그러기 위해서는 자유무역을 해야 된다는 점을 인정한다고 하자. 그렇더라도 우리의 생존과 생태적 환경이 위협받고 있는 상황에서 농사의 엄중함을 망각한 채 바보같이 '무조건' 한미 FTA를 체결하는 것이 능사일까. 이곳에 와 보니 프랑스는 TGV와 루이비통, 랑콤과 샤넬을 세계에 팔아 먹는 소위 '자유무역'을 하면서도, 자기들의 생존 기반인 '농업'을 철저히 보호하고 있었다.

제8부

런던에서 만난 사람들

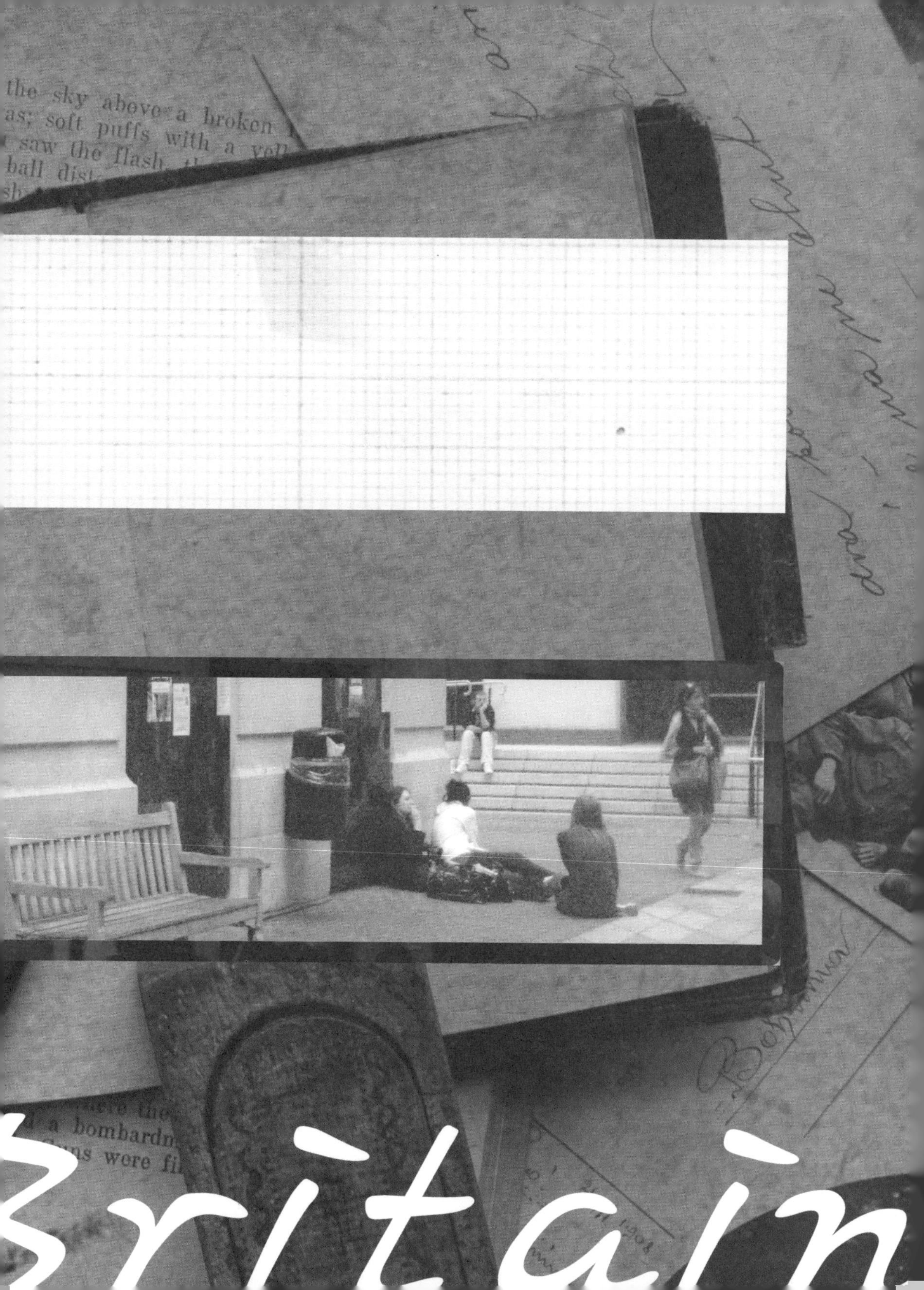

the sky above a broken
as; soft puffs with a yell
saw the flash th
ball dist
sh

ere the
a bombardm
ums were fi

britain

#1. 작은 손길,
큰 깨우침

작년(2007년) 12월, 우리 자락서당 모임에 와서 《길 위의 삶, 길 위의 화
두》 출간 기념 특강을 해 주었던 김광하 거사가 런던을 방문했다. 1987년
비철금속 무역을 전문으로 하는 (주)도이상사를 설립하여 22년간 경영해
온 김 거사는 매년 10월 둘째 주 월, 화, 수 3일간 개최되는 세계 비철금속
관계자들의 런던 회의에 참석하기 위해서 왔는데, 이번이 열아홉 번째 방
문이라고 한다.

나와 38년 지기인 김광하 거사는 서울 시내 중심가 200여 평의 사무실
에서 15명의 직원을 거느리고 있는, 국내외에서 인정받는 잘나가는 무역
회사를 경영하는 대표이사다. 하지만 나는 한 번도 '김 사장'이라고 불러
본 적이 없다. 광하는 돈 버는 것만을 인생의 목표로 삼지 않고, 대학 시절
부터 지금까지 늘 우리가 가야 할 참된 길이 무엇인가를 끊임없이 모색하
면서 살고 있기 때문이다.

김광하 거사는 요즘도 5년 전에 만든 불교 봉사 공동체 '작은 손길'을
이끌면서 노숙자와 독거노인을 위해 매주 네 차례 떡과 커피 보시, 반찬
공양을 하는 지행일치의 삶을 살고 있다. 하지만 그가 처음부터 이런 구도
자적인 삶을 산 것은 아니었다.

그는 대학 시절 자유교양회와 불교학생회 활동을 하면서 노장 사상과 원시불교 사상에 많은 관심을 가지고 있었지만, 취직을 하고 회사를 설립한 후에는 돈을 많이 벌고 회사를 키우기 위해 정신없이 지냈다. 그러다가 불혹의 나이를 넘으면서 이게 아닌데 하는 생각이 들기 시작했다. 때마침 고등학교 선배가 직장 생활을 하면서 퇴근 후 늘 서강대학교 도서관에 들러 5년간 공부를 한 후 논어에 대한 책을 내는 것을 보고 큰 자극을 받았다. 그래서 집에서 TV를 치우고 대학 시절 관심을 가졌던 노장과 불교 공부를 다시 본격적으로 하기 시작했다고 한다. 이때가 마흔세 살 되던 1995년이었다고 한다. 그때부터 회사 일과 술자리를 과감히 줄이고 공부에 용맹정진하여, 《금강경과 함께 역사 속으로》, 《무문관 강송》, 《노자 도덕경》, 《길 위의 삶, 길 위의 화두》를 잇달아 저술하고, 이번 7월에는 《붓다를 기억하는 사람들》이라는 책도 상재하였다.

바쁜 무역회사 일을 하면서 학자들에게도 쉽지 않은 문제의식이 선명한 책을 꾸준히 저술하는 것만 해도 대단한 일이다. 그러나 나는 이런 저술 활동보다 광하가 단지 공부에 정진하고 도를 깨달으려 하는 데 머물지 않고, 뜻있는 이들과 함께 구체적 삶 속에서 진리를 나누고 자비를 실천하려는 모습에서 더 큰 깨우침을 얻는다.

나는 이 멋진 친구의 '따비' 봉사 활동 이야기를 들으면서 또 하나 감동받은 것이 있다. 보통 종교 단체나 시민 단체 사람들이 어려운 사람들에게 구호물품을 나누어 주거나 식사 대접을 할 때는 대개 줄을 세우고 기도하며 자기네들이 어디서 왔는지를 알린다. 그에 비해 '작은 손길'에서 떡 보시를 할 때는 줄을 세우지 않고, 노숙자들이 있는 곳으로 찾아가 떡을 나

김광하 거사와 집 정원에서

누어 드린다는 것이다. 또 외로운 노인에게 커피를 나누어 주면 어느 단체에서 나왔는지, 무슨 목적으로 왔는지를 묻는 경우가 있는데, 그때마다 "커피 한 잔을 드리는 데 무슨 이유가 있겠습니까?"라고 대답한다고 한다.

이런 겸허한 봉사 자세야말로 노자가 말한 "일을 하고 자랑하지 않으며, 공을 세우고 거기 머물지 않는다(爲而不恃, 功成而不居)."라는 경지가 아니겠는가. 한국에 있을 때 자주 만나지는 못했지만, 이 친구를 생각하면 늘 든든하고 흐뭇한 생각이 들었다.

그는 런던에 머무는 4박 5일 동안 회의가 열리는 사흘은 그로브너 호텔에, 나머지 하루는 우리 집에서 보냈다. 호텔에 머무는 기간에도 매일 만나 흉금을 터 놓을 수 있어 너무 즐거웠다. 첫날은 우리 집 정원에서 차를 마시며 밀린 이야기를 나누었고, 둘째 날 저녁에는 위그모어 홀에서 열리는 첼로, 하프, 피아노 연주를 같이 들었다. 셋째 날에는 내가 다니는 런던 대학 소아스 연구실을 돌아본 후 템스 강변과 리젠트 파크를 거닐며 시간 가는 줄 모르고 이야기를 나누었다.

그래도 아쉬움이 남아 내년 파리에 출장 올 때 런던에 다시 오기로 약속하고 돌아갔다. 그때는 소설가 박완서 선생의 둘째 따님인 부인과 함께 오겠다고 한다. 이 친구를 보내며 문득 "스승이 될 수 없으면 진정한 친구가 아니고, 친구가 될 수 없으면 진정한 스승이 아니다."라고 한 이탁오의 말이 떠올랐다.

#2. 18년 만의
폭설

지난 일요일부터 며칠 동안 런던에 엄청난 눈이 내렸다. 으슬으슬하게 느껴지는 겨울비는 자주 오지만 좀처럼 쌓인 눈을 구경하기 어려운 런던에 18년 만에 30센티미터 정도의 폭설이 내렸다. 잘 오지 않던 눈이 갑자기 많이 내리자 제설차와 제설용 소금이 부족해 눈으로 막힌 도로와 기찻길을 원상 복구하는 데 시간이 많이 걸렸다. 이틀 동안 출근과 외출을 못한 런더너들이 짜증을 내자 보리스 존슨 런던 시장은 TV에 나와 눈이 오는 것은 좋았는데 양이 문제였다고 하면서 시민들의 양해를 구했다.

이처럼 귀한 눈이 오는 것만도 좋은 일인데, 폭설 덕분에 학교를 가지 않게 된 아이들은 신이 나서 눈사람을 만들고 눈싸움을 즐겼다. 우리 집이 있는 체싱턴 놀스 역에서 워털루로 가는 기차와 버스가 끊겨서 나도 소아스 연구실에 가지 못하고 며칠 동안 꼼짝없이 집에 갇혀 지냈다.

이렇게 집에 있는 동안에도 심심치는 않았다. 젊은 친구가 왔기 때문이다. 독일 카를스루에 공과대학에 다니는 전종욱 군이 주영 독일대사관에 비자 연장 신청을 하러 왔다가 폭설로 발이 묶인 것이다. 종욱 군은 독일로 돌아가는 비행기를 타지 못하고 3박 4일간 우리 집에 머물렀다. 강원대학교 사회학과 전태국 교수의 외아들로 내가 춘천에 살며 처음 보았을

때는 젖병을 빨고 있던 아기였던 그는 심장 판막에 작은 구멍이 생겨 고생하고 있었다. 그래서 우유를 마시면 토하고, 감기도 자주 걸려 잔약한 모습을 보였다. 너무 어려서 심장 수술도 못하고 있다가 네댓 살이 되었을 때 수술을 받은 후부터 건강하게 자랐다. 내가 인하대학교로 옮기고 난 후 가끔 잘 크고 있다는 소식을 듣고 지내다가, 실로 오랜만에 이국땅에서 대학생으로 훌륭하게 장성한 모습을 보니 감회가 새로웠다.

겨울 방학 동안 독일에 와 있는 전 교수 부부는 아들이 런던에 가서 돌아오지 못하자 안타까워서 아침저녁으로 국제전화를 했다. 그러나 종욱 군과 나는 폭설 덕분에 모처럼 맞은 한가한 시간을 느긋하게 즐겼다.

종욱 군이 런던에 온 첫날인 일요일 낮에는 눈이 내리지 않아 리치먼드 파크를 둘러봤고, 눈이 쌓인 다음 날에는 집 뒤 정원에서 눈사람도 만들었다. 월요일과 화요일 저녁에는 스포츠 전문 방송을 통해 지난 주말에 벌어진 맨체스터 유나이티드와 에버턴의 경기 재방송을 보면서, 그동안 쌓은 영국 프리미어 리그와 독일 분데스리가에 대한 내공을 겨뤄 보기도 했다. 아내는 여자들이 제일 싫어하는 것이 남자들이 군대에서 축구한 이야기라고 하면서 우리를 놀렸지만, 종욱 군과 나는 박지성 군의 활약을 중심으로 호날두와 메시의 장단점, 맨유의 5관왕 가능성, 아르샤빈의 아스날 이적과 로이 킨의 토트넘 복귀 소식, 베컴의 AC 밀란 잔류 문제 등에 대해 진지하게 정보를 교환하면서 의기투합하였다.

종욱 군과 나는 이왕 내리는 눈이 좀 더 내려서 오는 일요일 오후에 열리는 맨유와 웨스트햄 경기까지 같이 보며 유럽 축구 이야기를 계속하고 싶었다. 하지만 수요일에 항공편과 육상 교통이 모두 정상으로 회복되었다. 종욱 군은 우리 집 정원에 눈사람을 남겨 놓고 아쉬운 표정으로 프랑크푸르트로 향하는 비행기에 올랐다.

#3. 선생님의
글과 목소리

런던에서 맞은 스승의 날에 평소 가까이 지내던 제자들과 후학들이 멀리 있는 나에게 축하 메일을 보냈다. 고마운 일이지만 아직 스승이라고 불리기에는 학덕이 턱없이 부족한 나에게는 마음이 몹시 불편해지는 날이기도 하다. 그러나 스승의 날은 필요하다고 생각한다. 존경하는 김용섭 선생님의 나직한 음성을 듣고 가르침을 받을 수 있는 기회이기 때문이다.

어제 아침 일찍 서울 동교동에 있는 송암서실로 전화를 드렸다. 재직 중 1년 365일 동안 한결같이 문과대학 연구실을 지키셨던 선생님은 퇴직한 후 후배 교수들에게 부담을 줄까 봐 일체 학교 출입을 자제하신다. 그리고는 선생님이 사시는 아파트에서 그리 멀리 떨어지지 않은 주택가 골목에 마련한 소박한 서재로 출근하신다. 올해 연세가 여든이시라 혹시 편찮으셔서 서재에 못 나오셨으면 어쩌나 하는 조바심을 가지고 전화를 드렸는데, 선생님이 전화를 받으시는 것이 아닌가. 기운이 쇠잔해지셔서 더욱 차분한 느낌을 주는 선생님의 목소리를 들으니 얼마나 마음이 놓였는지 모른다. 선생님께서 "런던에서 전화하는 거요?" 하고 반가워하시는데, 나도 매우 기뻤다.

김용섭 선생님은 평생을 한국농업사 연구에 정진하여 《조선 후기 농업사 연구》 1, 2, 《조선 후기 농학사 연구》, 《한국 근대 농업사 연구》 1, 2, 3, 《한국 중세 농업사 연구》, 《한국 근현대 농업사 연구》 등 여덟 권의 역저를 출간하셨다. 해방 후 남북한 역사학계를 통틀어 최고의 성과로 평가받을 정도의 학문적 업적을 쌓으신 선생님은 1975년에 개설한 한국 근대사 강의로 우리의 영혼을 사로잡았다. 당시 우리들은 유신독재 시절 아무런 고뇌가 없는 교수의 상투적인 강의에 흥미를 잃고 우리끼리 '자유교양회'라는 독서 모임을 만들어 이런저런 책들을 읽고 있었다. 그때 드디어 우리들의 등대가 나타난 것이다.

우리는 전공을 불문하고 선생님의 강의를 수강하며, 우리의 역사와 현실에 대한 올바른 시각을 키워갔다. 수업이 끝나면 늘 가슴이 뿌듯하고 우리들의 앞이 훤하게 보이는 느낌이 들 정도로, 선생님의 한국 근대사 강의는 학문적 깊이와 뚜렷한 문제의식을 갖추고 있었다. 강의의 영향이 얼마나 컸던지 수업을 듣던 사학과 학생들은 대학원에 진학하여 공부를 계속하자는 열기에 휩싸였고, 같이 청강하던 경제학과의 홍성찬(현 연세대 경제학과) 동학이 경제사를, 사회학과의 조성윤(현 제주대 사회학과) 동학이 사회사를, 국문학을 하던 내가 국문학사를 공부하는 계기가 되었다.

작년 7월 초 출국인사를 하러 《한국 한문학의 현재적 의미》를 들고 송암서실을 찾았다. 그때 선생님께서는 1984년 프랑스의 파리7대학에 1년간 방문교수로 갔을 때 케임브리지에 한 달간 머문 적이 있다고 하시며, 영국의 문물을 많이 견문하고 오라고 격려해 주셨다. 그리고 2007년 대한민국학술원에서 '문명의 전환과 세계화'라는 주제로 개최한 국제학술회의에서 발제한 논문을 심화시켜 곧 책이 나오는데, 런던으로 한 권 보내주겠다고 말씀하셨다. 런던에 도착한 지 얼마 후 홍성찬 선생이 선생님께서 보내 주라고 했다면서 《동아시아 역사 속의 한국 문명의 전환》을 국제소포로 보내 왔다.

소포를 개봉하자마자 선생님의 책을 읽기 시작했다. 선생님이 평생 연구한 구체적이고 실증적인 농업사 연구 성과를 바탕으로 최근의 세계화에 대해 거시적으로 역사적 조명을 하면서 약소국인 우리나라가 주의해야 될 문제들을 짚고 있었다.

우리나라에는 크게 두 차례의 문명 전환이 있었다. 첫 번째는 알타이 어계 고조선 문명을 유지해 온 우리나라가 동아시아 한자 문명권으로 편입된 것이고, 두 번째는 19세기에 이르러 서구 문명을 수용한 것이라고 했다. 그러나 중국 한자 문명의 천하체제에 편입되면서도 우리나라는 독자적으로 한글을 창제하여 우리의 정체성을 놓치지 않으려고 노력하여, 한자 문화와 한글 문화를 아우르는 새로운 차원의 통합 문명을 이룩하였음을 지적했다. 또한 서구 문명을 수용한 두 번째 문명 전환은 자유, 평등, 박애라는 인류의 보편적 가치 유입과 제국주의 침탈이라는 상반된 양면성을 지니고 있음을 강조했다. 그러면서 제국주의 시대에 제국주의 국가에는 이성이 존재하지 않았기 때문에 제2차 문명 전환 과정에서 약소국가에게는 희생이 따르게 되었다는 점을 잊지 말아야 한다고 당부했다. 그러므로 이런 문명 전환과 세계화 흐름에 능동적으로 대처하면서 동시에 우리의 고유 문명과 전통 문화를 선진 세계화 문명과 동격이 될 수 있도록 그 문명을 보호, 육성하고 관련된 학문을 발전시키지 않으면 안 된다는 가르침을 주었다.

나는 런던 대학의 한국학과와 한국학연구소에서 1년간 연구년을 보내면서 선생님의 이 가르침을 늘 마음에 새겨 두었다. 우리가 나아가야 할 방향은 분명 서구 문명이 내세운 자유, 평등, 박애(혹은 개성 존중, 연대 의식, 관용 정신)라는 가치와 이를 바탕으로 한 민주주의다. 때문에 그동안 나는 영국의 역사적 경험과 지혜를 가능한 한 많이 보려고 애쓰면서도, 세계 속에서 한국 문화를 어떻게 알리고 한국학의 수준을 세계 수준으로 높일 것인가를 늘 생각했다.

선생님은 서문에서 후학들을 격려하는 것을 잊지 않으셨다. 이 책을 쓰는 데 후학들과의 의견 교류가 큰 도움이 되었다 하시면서, 연세대의 방기중, 홍성찬 교수, 서울대의 김광수 교수, 한양대의 정창렬 교수 등의 이름을 일일이 밝히셨다. 그리고 선생님이 요청한 국문학 관련 자료를 몇 가지 챙겨드리고 선생님의 집필 구상을 들은 것밖에 없는 불초를 "우리 역사로서의 국문학과 훈민정음(한글)의 역사적 의의에 대해서는 인하대의 김영 교수와 의견을 나누었다."라고 황공하게 거론해 주셔서 얼굴이 붉어졌다.

이와 같이 김용섭 선생님은 후학들에게 진정한 학문이 어떤 것인지를 문제의식과 실증이 완벽한 조화를 이루는 저서를 통해 모범을 보이고, 진정한 스승은 제자를 어떻게 대하는지 몸소 보여 주신다. 정년을 하고 15년이 흐른 지금도 매일 서재에 나가 책을 읽고 역사적 교훈이 담긴 글을 쓰시는 선생님은 학창 시절 우리들의 우상이었다면, 이제는 한국학계의 신화가 되었다.

나는 공부할수록 더욱 우뚝해 보이시는 선생님을 졸저《인터넷 세대를 위한 한문강의》제3강에서 다음과 같이 기렸다.

"인류가 남긴 지적인 문화유산을 잘 익혀서 후학들에게 현실을 판단하고 미래를 예측할 수 있는 논리를 제공할 수 있는 사람은 스승의 조건을 갖추었다 할 것이다. 평생 농업사 연구의 외길을 걸어 오신 김용섭 선생님을 뵐 때마다 나는 논어의 '온고이지신, 가이위사의(溫故而知新, 可以爲師矣)'라는 구절의 의미를 생각한다."

해마다 4월이면 나는 자락서당의 동학들과 함께 춘천 실레마을에서 열리는 '김유정문학제'에 참석하곤 했다. 청량리 역에서 출발하는 문학기행열차를 타고, 김유정의 문학을 연구하여 박사 학위를 취득한 유인순 교수의 강의를 들으며 〈동백꽃〉, 〈봄봄〉, 〈금 따는 콩밭〉, 〈만무방〉 같은 김유정 소설의 창작 배경이 된 실레마을을 찾아간다. 이렇게 김유정문학제에 참석하는 것은 자락서당의 봄철 행사였다.

늦은 봄날 가벼운 옷을 입고 제자들과 함께 기수에서 목욕을 하고 무우에서 바람을 쐬며 소요했던 옛 성현의 고사를 굳이 거론하지 않더라도, 같이 공부하는 지기들과 함께 '봄내(春川)'가 흐르고 동백꽃의 알싸한 향내가 풍기는 조그만 마을, 존경하는 전상국 교수가 촌장으로 있는 김유정문학촌을 찾아가 '점순이'도 찾아 보고 닭싸움도 구경하며, 문학축제에 어울리는 것은 큰 즐거움이 아닐 수 없다.

올해는 먼 서쪽 섬나라에 머물고 있는지라 유인순 교수의 특강과 안내를 따라 '봉필 영감의 집터'와 '금병의숙'으로 향하는 언덕길을 산책할 수가 없었다. 또한 후덕하신 전상국 선생님이 따라 주는 막걸리도 맛볼 수 없어, 이곳에서 영문학 기행이나 하며 아쉬움을 달래야겠다는 마음을 먹

고 있었다.

그런데 다행히도 고국에서 귀한 동행이 찾아왔다. 같은 학과에 있는 김명인 교수 내외가 유럽을 여행하면서 런던의 우리 집에서 며칠 머물게 된 것이다. 1980년대 민중적 민족 문학론자로서 시민적 민족 문학을 주장하는 백락청 교수, 노동 해방 문학론을 내세운 조정환 선생 등과 유명한 '민족 문학 논쟁'을 펼친 바 있는 김 선생에게 이번에 영국에 온 김에 셰익스피어의 고향을 탐방해 보는 것이 어떠냐고 제의했다. 그렇게 이번 여행은 결정됐다.

런던의 북동쪽 방향으로 차를 몰고 가다가 휴게소에 들러 차를 한잔하

는 여유를 부리면서, 두 시간 반 만에 스트랫퍼드 어폰 에이번Straford-Upon-Avon에 도착했다.

셰익스피어가 태어난 스트랫퍼드는 원래 조그만 읍내였는데 이제는 셰익스피어 때문에 먹고 사는 제법 규모를 갖춘 소도시로 발전했다. 셰익스피어 생가는 400여 년의 세월을 거치는 동안 많이 수리되었지만, 원형은 거의 그대로 보존되었다. 생가 옆에는 기념관을 따로 지어 세계 각지에서 찾아오는 방문객들에게 셰익스피어의 생애와 작품 세계를 유물과 영상물을 통해 소개하고 있다. 기념관에서 생가로 연결되는 정원에서는 남녀 배우들이 셰익스피어 연극의 한 장면을 실연하고 있었다. 3층 집인 생가 안에는 셰익스피어가 공부하고 글을 쓰던 방, 농사를 지으며 피혁가공업을 겸업하던 아버지 존 셰익스피어John Shakespeare가 양가죽 장갑을 만들던 공방 등이 있었다.

집 안을 둘러보니 살림살이가 비교적 넉넉했음을 알 수 있었다. 셰익스피어는 이런 풍족한 가정환경 속에서 초등학교와 문법학교를 다니며 교양을 쌓고 라틴 어를 비롯한 풍부한 고전 교육을 받았다. 이것이 나중에 역사적 인물이 등장하는 사극들을 쓸 수 있는 바탕이 된 것 같다. 이런 교육을 받은 셰익스피어는 20대 후반에 런던으로 진출하여 희곡과 시를 쓰고 직접 배우로도 활동했다.

영국국립도서관The British Library에서 간행한 《윌리엄 셰익스피어William Shakespeare》의 연보에 의하면, 셰익스피어는 고향 스트랫퍼드를 떠나 런던에 온 직후에 〈로미오와 줄리엣〉, 〈헨리 6세〉를 썼고, 1597년에 〈베니스의 상인〉, 1599년에 〈줄리어스 시저〉, 1600년에 〈햄릿〉, 1604~1605년에 〈오

셀로〉, 〈리어 왕〉, 〈맥베스〉, 1607년에 〈안토니우스와 클레오파트
라〉 등 모두 38편의 희곡을 집필했다고 한다.

　그의 희곡은 당대에도 템스 강변에 있었던 글로브 극장(이 극장은 화재로 소실되
었다가 다시 복원되었는데, 지금은 '셰익스피어 글로브The Shakespeare Glove'라고 불린다) 무대에 올려졌
고, 오늘날에도 셰익스피어의 연극만을 상설 공연하고 있다.

　영국 사람들이 셰익스피어를 인도와도 바꾸지 않겠다고 했다는 말이 있
다. 인도와 셰익스피어의 가치를 비교하는 것이 영 못마땅하지만, 그 말의
진의가 셰익스피어가 당시 '촌뜨기 말'이었던 영어를 탁월한 문학적 상상
력과 표현력을 발휘해 오늘날 세계인이 쓰는 문명 언어로 발전시킨 문호
였음을 표현하는 것이라면 수긍할 수 있다. 우리 한글도 송강 정철이나 고
산 윤선도 같은 시인에 의해 갈고 다듬어졌고, 일제 시대의 소설가 홍명희

나 시인 정지용에 의해 현대 언어로 비약적으로 발전했다. 즉 어느 나라나 탁월한 문학은 그 시대의 언어와 문화를 풍요롭게 해 준다고 할 수 있을 것이다. 영국과 미국이 번갈아 세계를 제패하면서 영어가 국제어가 되었지만, 그 밑바탕에는 셰익스피어 같은 탁월한 언어 연금술사의 노력이 있었음을 결코 간과할 수 없다.

김명인 선생 부부와 함께 스트랫퍼드의 정겨운 길을 걸으며, 우리에게도 세계에 자랑할 만한 독자적인 문자 한글과 이를 사용해 아름다운 언어 예술을 창작한 뛰어난 문인들이 있다는 것이 얼마나 다행인가 하는 안도감이 들었다. 나는 세계인의 보편적 교양이 된 셰익스피어의 〈로미오와 줄리엣〉 연극을 보기 위해 템스 강변에 있는 셰익스피어 전용극장을 찾았다. 하지만 내년 봄에는 다시 겸허한 자세로 실레마을 민중들의 삶을 정감 있는 토속어로 형상화한 김유정 문학촌을 찾아가고 싶다. 김유정의 작품 세계에 빠져 '김유정문학촌'의 촌장이 되어 보고, 《유정의 사랑》이란 작품을 쓴 소설가 전상국 선생을 뵙기 위해 또다시 경춘선 문학열차에 오를 것이다.

5. 영국에서 노무현 전 대통령을 기리며

　2009년 5월 23일, 최성조 선생이 자락서당에 올린 글을 통해 노무현 전 대통령의 서거 소식을 들었다. 놀라움과 안타까움을 금할 수가 없었다. 오마이뉴스와 프레시안, 네이버와 다음을 살펴보니 사실이었다.

　지난 7월 떠나 오기 전날, 나는 시청 앞 광장에 나가 종교인들이 개최한 촛불집회에 참석했다. 그다음 날 영국으로 건너오면서 앞으로의 정국이 순탄치 않겠구나 하고 염려를 했었다. 가까운 벗들은 한국의 상황은 잠시 잊고 1년간 영국에서 재충전의 시간을 가지라고 했지만, 어찌 한시라도 조국의 현실을 잊을 수가 있단 말인가. 그래서 매일 이곳의 신문과 BBC 뉴스를 보며 한국 소식이 있는지를 살피고, 인터넷을 통해 고국의 사정을 봐 왔다.

　그런데 최근 이명박 정권의 노무현 뒤집기, 보수 언론의 노 대통령에 대한 끝없는 흠집 내기와 조롱, 노 대통령 주변 인사에 대한 검찰의 형평을 잃은 전방위적 수사 소식을 보고, 정말 도를 넘는 짓들을 하는구나 생각하면서 불안감을 느끼고 있었다. 그러더니 결국 민주주의와 인권을 위해 치열하게 살았던 한국 현대사의 한 인물을 죽음으로 몰아갔다.

　나는 망연자실해 책을 읽거나 산책을 나갈 수가 없었다. 거실에 놓인 작

런던 한인 회관에 차려진 고
노무현 전 대통령 분향소

은 태극기를 식탁 가운데 올려 놓고 술을 한 잔 따른 후 가족들과 함께 묵념을 올릴 도리밖에 없었다. 윤병언 선생이 자락서당에 올린 노 대통령 유서의 의미를 되새긴 글과 분향소에 다녀온 이야기를 보고 위로받으며, 나도 조그만 만사를 써 억울하게 죽은 임의 혼을 진정시켜드리고 싶었다.

한국에서는 서울의 대한문 앞과 광주의 구(舊) 도청 앞 등 전국 방방곡곡에 추모인파가 줄을 잇고 있다고 한다. 이곳 영국에서도 노 전 대통령의 서거 소식은 큰 충격으로 받아들여졌다. 엘리자베스 여왕과 고든 브라운 총리가 애도를 표하는 조전을 보냈다. 총리가 조전을 보내는 것은 의례적인 것이라고 할 수 있지만, 엘리자베스 여왕이 직접 권양숙 여사에게 위로의 전문을 보낸 것은 매우 이례적인 일이다. 작년 여름 버킹엄 궁전 안을 돌아보았을 때, 여왕이 왕궁을 방문한 노무현 대통령과 함께 찍은 대형 사진을 넬슨 만델라 대통령 사진 옆에 나란히 전시해 놓은 것을 보고 반가웠는데, 그때의 인연으로 이번에 특별히 조전을 보낸 것은 아닌지 모르겠다.

내가 정기구독하고 있는 〈타임스〉도 어제 노 대통령의 서거 소식 보도에 이어, 오늘(2009. 5. 25)은 노무현 전 대통령이 인권변호사에서 대통령이 되기까지의 파란만장한 노정과 대통령 재직 중에 이룩한 업적에 대해 객관적으로 기록하고 있다. 나도 어제 다음과 같은 조그만 만사를 써 오마이뉴스의 추모 게시판에 올렸다.

목요일 오전에 뜻있는 분들이 뉴멀든에 있는 템스 하우스Thames House 2층에 분향소를 차렸다는 소식을 들었다. 향을 사르며 고인을 추모하고, 저녁에 열린 추모식에도 참석해서 슬픔에 잠긴 재영 교포들을 위로하고, 자정을 넘기고 집에 돌아왔다.

외롭지 않은 당신
- 노무현 전 대통령을 추모하며

삶과 죽음이 모두 자연의 한 조각이라고 하셨지만
얼마나 억울했으면 몸을 던지며 마지막 변호를 했을까요.
세상의 끈질긴 인연의 덫에 얽히어
자유로운 비상을 하지 못하고 몸부림치는 새처럼
얼마나 답답하고 괴로웠을까요.

그토록 바라던 민주주의와 인간의 권리,

정말 한번 벗어나고 싶었던 권위주의와 지역주의,

자신을 못살게 굴고 조롱을 당하면서도 끝까지 지키고 싶어하던 언론의 자유,

분단의 휴전선을 넘으며 지키고자 했던 남북의 평화공영,

퇴임 후 고향으로 돌아와 손주를 자전거에 태워 주고

도랑의 쓰레기를 치우며 이웃과 더불어 농사를 짓고 싶었던 그 소박한 꿈,

이 모든 것들이 좌절되고

사랑하는 가족과 평생의 동지들이 희생을 당하는 상황에서

무엇을 할 수 있었을까요.

그동안 가방끈이 짧다고 빈정대던 먹물들,

약삭빠르게 단물을 빨아먹고 돌아선 껍데기만 '운동권' 인 후조들,

국민의 마음은 안중에 없고 기득권 지키기에 혈안이 된 정치사기꾼들,

권력과 돈을 가진 자들의 기득권을 지키느라 잔머리를 굴리는 정치검찰,

사슴을 말이라고 조작하고 말을 극도로 타락시킨 조중동,

이들이 이제야 속이 시원해졌을까요.

바보같이 천진한 미소를 지으시던 님이여,

당신은 결코 외롭지 않았습니다.

노란 풍선을 들고 '노무현!' 을 외치던 지지자들이 있었고,

'탄핵반대' 를 위해 광화문에 모인 시민들이 있었고,

퇴임 후에 봉화마을을 찾는 발길들이 있었고,

실수에도 불구하고 당신의 진정성을 믿어주던 민초들이 있었기에,

결코 당신은 외롭지 않았습니다.

아무도 원망하지 말라며

'운명' 이라는 말을 남기고 먼 길을 떠나신 당신,

오해와 불신, 탐욕과 다툼이 없는 평화로운 하늘나라에서

세상의 무거운 짐을 내려놓으시고

부디 편히 쉬소서!

2009. 5. 24. 자락학인

인간은 서로 어울리며 관계를 맺는 존재다. 그중에서도 우리가 가장 편안해하는 관계는 아마 친구 사이가 아닐까? 군신 관계가 충성과 예로 맺어지는 관계이고, 부부와 부자 관계가 윤리와 도덕이 요구되는 관계라면, 붕우 관계는 자기의 자유로운 의지와 선택에 의해 맺어지는 평등한 관계이기 때문이다.

그래서인지 동양의 선현들은 '군신론' 못지않게 자주 '우정론'에 대한 글을 썼는데, 이런 글에서 가장 강조하는 것이 신의, 존경, 상호 학습이다. 조선 후기 우언 작가 이광정의 〈진정한 친구〉는 바로 이런 점을 깨우쳐 주는 작품이다. 내용은 이렇다.

아들이 아버지에게 자기에게 친한 친구가 많다고 자랑했다. 정말 친한지 알아보기 위해 아들은 죽은 돼지를 시신인 양 감싼 후 둘러업고 친구들을 찾아다니며 숨겨달라고 했다. 그러나 친구들 중 누구도 아들을 받아 주지 않았다. 반면 아버지에게는 단 한 명의 친구가 있었지만, 그 친구는 아버지를 얼른 골방에 숨겨 주었다고 한다.

이 작품은 친구가 많은 것이 중요한 것이 아니라 한 사람이라도 어려울 때 도와줄 수 있는 진정한 친구가 중요함을 일깨워준다. "많은 벗을 가진 사람은 한 사람의 진실한 벗을 가질 수 없다."라고 한 아리스토텔레스의 말을 다시 한 번 떠올리게 한다.

지난 금요일 저녁 런던으로 또 한 명의 귀한 친구가 찾아왔다. 인하대 의과대학 소아과에 근무하는 홍영진 형이 그 주인공이다. 홍 형은 벨기에 브뤼셀에서 개최되는 세계소아감염학회에 논문을 발표하러 가는 길에 체싱턴 우리 집에 들렀다.

홍 형과 나의 인연은 참으로 끈질기다. 그와 나는 유신독재가 엄혹하던 1976년 3월 1일, 명동구국선언에 동참하여 옥고를 치른 바 있는 민중신학자 안병무 선생을 따르는 대학생 모임에서 처음 만났다. 그때 홍 형은 서울대 의과대학생이었고, 나는 해병대에서 3년간 복무를 마치고 막 복교를 했을 때였다. 우리는 군사독재 체제에 저항하는 의식을 키우고 민중의 삶의 질을 향상하기 위한 길을 모색하자는 데 의기투합했다. 향린교회 3층 세미나실에서 리영희 선생의 《전환시대의 논리》, 안병무 선생의 《해방자 예수》, 한완상 교수의 《민중과 지식인》과 같은 책들을 같이 읽고, 함석헌 선생의 시국강연회를 쫓아다녔다. 그러다가 나는 김용섭 선생님의 한국 근대사 강의에 매료되어 대학원에 진학해 지곡서당에서 한문을 공부했고, 홍 형은 '사회를 고치는 의사'가 되기 위해 의학 공부를 계속했다.

한동안 우리는 자기 공부에 바빠 만나지 못했다. 그러다가 내가 강원대학교에 부임하였을 때, 홍 형은 인제에 있는 아산복지병원에 공중 보건의로 부임했다. 우리는 3년 동안 어린아이들을 데리고 춘천과 인제를 오가며 다시 가족끼리 친하게 지냈다. 그 후 홍 형은 국립의료원 소아과에 근무하게 되었고, 나는 인하대학교로 옮겼다. 다시 몇 년이 지나 홍 형은 나에게 인하대 병원에 근무하게 되었다는 소식을 전해주었다. 뜻을 같이하는 친구와 같은 직장에 근무한다는 것이 너무 기뻐, 그날 당장 송도로 가서 재회의 기쁨을 나누었다.

인하대는 본교와 병원이 좀 떨어져 있어 자주 만나기는 힘들다. 그 아쉬움을 달래기 위해 인하대에서 뜻을 같이하는 선생들과 같이 매달 등산을 하면서 세상 이야기를 나누었다. 그러다가 작년 광우병 쇠고기 수입 문제가 불거졌을 때 '우리 시대를 생각하는 인하대 교수 모임(우생모)'을 만들어 이 문제를 다룬 첫 번째 공개강연회를 개최했다. 올 봄 학기에는 진중권 선생을 초청하여 강연회를 개최하였다.

홍 형이 런던의 우리 집에 와 있는 동안, 한국 대학 사회에서는 노무현 전 대통령의 죽음을 초래한 이명박 정권의 반민주적인 정치 행태와 반민중적인 경제 정책에 대해 반성과 각성을 촉구하는 대학교수들의 시국선언이 잇달았다. 인하대에서도 우생모 선생님들이 주도하여 6·10 민주항쟁 22주년이 되는 다음 날 시국선언을 하기로 했다. 나는 홍 형과 함께 이 정부가 들어선 이래 벌어진 민주주의와 인권의 후퇴, 가진 자들을 위한 정책, 환경 파괴적인 개발 계획 등에 대해 깊이 우려했다. 그리고 한국에 있는 뜻을 같이하는 선생들과 전화와 이메일을 주고받으며 이번 시국선언에 많은 분들이 참여하도록 연락하였다.

홍 형이 런던에 머문 3박 4일 동안 우리는 이렇게 세상 걱정만 하지는 않았다. 모처럼 귀한 시간을 낸 홍 형에게 영국의 문화와 자연을 보여주기 위해, 아름다운 전원과 진귀한 예술품을 소장하고 있는 내셔널 트러스트 폴스텐 레이시와 사슴이 뛰노는 리치먼드 파크를 같이 산책하고, 템스 강

이 내려다보이는 피터샴 호텔 커피숍에 가서 '애프터눈 티'와 기네스 맥주를 마시며 잠시 여유를 즐기기도 했다. 빅토리아 앤드 앨버트 뮤지엄과 코톨드 미술관에 가서 세계의 문화유산이라고 할 만한 미술품들을 감상하고, 내가 있는 런던 대학과 트라팔가 광장을 돌아보기도 했다.

어제 오후 홍 형을 벨기에로 가는 유로스타 출발역인 세인트 판크라스 역에 배웅해 주고 돌아오면서, 이런 어려운 때에 뜻과 행동을 같이할 수 있는 친구들과 같은 직장에 근무한다는 것이 너무나 든든하고 행복하구나 하는 생각이 들었다.

리치먼드에 자리한 피터샴 호텔에서는 소박하지만 아름다운 들판과 템스 강이 내려다보인다.

#7. 다시
민주광장으로

내가 처음 한국 문학을 공부하고 교수가 되었을 당시만 해도 해외 대학에 한국학과가 설치된 곳이 몇 군데 되지 않았다. 그러나 한국이 경제발전을 이룩하면서 해외교류가 활발해지고, 1988년 올림픽을 통해 한국이 세계에 알려지면서 한국학에 대한 관심이 높아졌다. 그리고 세계 곳곳의 대학에 있는 동아시아학과 안에 한국어 및 한국학 강좌가 개설되었다.

2000년 북경대학에 방문교수로 갔을 때는 한류바람까지 불어 북경에는 북경대학 외에도 어언문화대학, 대외경제무역대학, 민족대학, 북경외대 등에 한국학·조선학과가 설치되어 있었고, 영국에도 런던 대학, 옥스퍼드 대학, 셰필드 대학에 한국학 전공과 강좌가 개설되었다는 소식을 들었다. 2008년 7월에 영국에 와 보니 케임브리지 대학에도 한국학 강좌가 개설되고, 런던 중심가인 피카딜리 서커스에 '삼성SAMSUNG' 광고판이 큼지막하게 붙어 있었다. 길에는 현대 차들이 다니고, 젊은이들은 삼성 애니콜과 LG 휴대전화를 들고 다닌다. 동양 문화에 흥미가 있는 사람들은 한국의 영화와 인터넷 게임을 즐기면서, 한국민들의 저항으로 군사독재 체제가 무너지고 민주주의가 정착되었다는 것을 알고 있었다.

그런데 이게 웬일인가. 동아시아에서 어느 정도 절차적 민주주의를 완

이층 버스에서 바라본 피카딜리 서커스 거리. 저 앞에 삼성 간판이 보인다.

성했다고 평가받는 한국이 다시 비민주적인 통치행태를 보여 세계인의 웃음거리가 되다니. 이곳의 한국학자들은 작년 광우병이 의심되는 소의 수입을 반대하는 촛불 시위 때 유모차를 끌고 나온 주부들을 조사하고, 인터넷에 경제 분석 기사를 실은 미네르바를 구속하는 것을 보고 어이없어했다. 또한 이번에 노무현 전 대통령을 검찰청으로 불러 조사할 때 봉하마을에서 서울까지 이동 모습을 TV로 생중계했다는 소식에는 경악을 금치 못했다.

이명박 정부가 들어선 이래 정부는 국민과의 소통을 외면한 채 헌법적 권리인 언론의 독립성과 집회의 자유를 유린하고 있다. '고소영'으로 불리는 특정 집단에 둘러싸여 가진 자들의 이익만을 대변하는 정책을 쏟아 놓고, 그동안 이룩한 남북평화 기조를 훼손하고, 권력의 칼날을 편파적으

로 휘두른다. 그 모습을 보고 나도 걱정을 하긴 했다. 그러나 이렇게 철저하게 주권자인 국민의 소리를 외면하고, 일방적으로 밀어붙일 줄은 정말 예상하지 못했다. 정치 검찰의 무리한 수사와 부화뇌동한 수구 언론의 집요한 선동으로 노 전 대통령이 서거하자, 국민들이 모두 애통해하면서 그제서야 부당한 현실을 직시하게 되었고 지식인들도 오랜만에 바른 말을 하기 시작했다.

노 전 대통령 서거 후 내 몸은 영국에 있었지만, 내 마음은 조국에 가 있었다. 런던에서 조문을 마치고 영국 북부 지방을 여행하는 중에 윤병언 선생이 쉼터에 올린 글을 통해 6월 3일에 서울대 교수들이 시국선언을 했다는 반가운 소식을 들었다.

여행에서 돌아온 날(6월 5일)에는 마침 우생모의 회원이자 대학 시절부터 뜻을 같이 한 친구인 홍영진 형이 우리 집에 며칠 머물게 되어 인하대 교수들의 시국선언 문제를 상의했다. 그런데 이심전심으로 우생모의 김명인, 박혜영, 김영순, 정영태 선생은 이미 선언문 준비와 언론 발표 시기 등을 논의하고 있었고, 나를 포함한 여덟 명의 발의인 이름으로 서명을 권유하는 교수 전체 메일을 보내기로 했다. 몇 사람의 반대 메일도 있었지만 전체적으로 많은 분들이 호응을 해 주셨고, 일흔세 분의 교수님들은 흔쾌히 서명에 참여하였다. 발표 날짜는 6·10 민주항쟁 22주년으로 잡고, 각 언론기관에 시국선언문을 보내고, 인하대학교 게시판에도 붙이기로 했다. 다음은 시국선언문 전문이다.

민주주의 회복을 위한 인하대 교수 선언
– 6월 민주항쟁 22주년에 즈음하여

한국 사회는 지금 심각한 위기에 직면해 있다

새 정권이 출범한 지 이제 겨우 1년 3개월이 되었을 뿐인데 국민들 사이에서는 민주주의, 경제 안정, 사회 통합, 남북 관계 등 모든 부문에서 거꾸로만 치닫고 있는 상황에 대한 우려와 비판이 점증하고 있다. 그러나 현 정권은 이에 대해 그 어떤 납득할 만한 응답도, 구체적 해소 방안도 내놓지 못하고, 광범위한 국민적 의구심과 불신, 나아가 저항의 바다 위를 표류하고 있을 뿐이다. 나름대로 국민의 선택을 받아 등장한 정권이 이처럼 통치 부재와 소통 부재의 무능과 무기력을 두루 보여 주고 있는 것에 분노에 앞서 차라리 허탈감이 앞선다.

이명박 정권의 등장은 문민정부에서 참여정부에 이르는 동안 소중하게 뿌리내리고 성장해 온 민주적 가치와 제도들의 토대 위에서 경제 발전과 사회 통합을 이루어내라는 국민적 여망에 힘입은 것이다. 실용주의 경제대통령이라는 슬로건이 호소력을 가졌던 것은 그것이 이념적 갈등과 구태 정치의 악순환에서 벗어난 참신하고도 성숙한 정치, 그리고 내실 있는 경제 발전에 대한 국민적 요구와 부합하는 바가 있었기 때문일 것이다. 하지만 지난 1년여의 이명박 행정부는 그러한 기대와는 전혀 다른 길을 걸어 왔다. '경제대통령'은 정치적 무능을 변명하는 말이 되었고,

'실용주의'는 정권 안보를 위해서만 긴요하게 발휘되어 왔다. 민주주의는 뿌리째 흔들리고, 경제 안정은 난망이 되었으며, 사회 통합은커녕 사회적 갈등이 일촉즉발의 상태에 이르게 되었으며, 남북 관계는 최악의 국면으로 치닫게 되었다.

그러나 이러한 전반적 실정보다 더 큰 문제는 이명박 대통령과 현 정권의 통치 행태 자체가 민주정치의 기본을 원천적으로 거스르고 있는 데 있다고 할 수 있다. 이미 작년의 촛불정국에 대한 대처에서 보았듯이 현 정권은 민주 사회에서 국가 정책과 국민 여론의 갈등을 불가피한 것으로 받아들이고 이를 설득과 대화를 통해 합리적으로 조정하는 것이 정치의 근본이라는 사실을 인정하지 않고 국민적 저항과 반대를 묵살하거나 물리적으로 침묵시키거나 아니면 요령껏 회피해야 할 방해물 정도로 인식하고 있다. 스스로 선거에 의해 탄생한 합법적 정권이면서도 마치 쿠데타에 의해 수립된 비합법 정권인 것처럼 정당한 절차 대신 공권력의 폭력과 기회주의적 기만책을 동원하는 음모적 방식의 통치 행태를 보이고 있는 것이다.

바로 이 점이 진보 세력은 물론 상당수의 보수 세력들까지 현 정권에 비판적으로 돌아서게 된 가장 큰 이유다. 민주주의는 결과가 아니라 과정이다. 길지 않은 집권 기간 동안 설익은 가시적 결과물을 내기에 급급한 나머지 그를 위한 사회적 합의와 민주적 절차를 무시하고 건너뛰려는 역사상의 그 어떤 시도도 정권 자체의 존립을 위태롭게 해 왔다는 것은 주지의 사실이다.

대한민국 헌법 제1조는 대한민국이 민주공화국임을 명백하게 천명하고 있다. 그러나 지난 1년여 동안 현 정권의 행보는 국민의 소리에 귀 막고 국민의 아픔에 눈감아 민주정신에 역행하였고, 국민 모두의 뜻을 모으는 대신 독선과 아집에 사로잡혀 공화주의를 배신하였다. 노무현 전 대통령의 비극적 서거 앞에서 절대다수의 국민이 그토록 애도한 것은 한편으로는 그에 대한 인간적 공감과 연민 때문이기도 하지만 근본적으로는 이러한 민주공화국의 기본 정신이 현 정권 아래서 헌신짝처럼 유린되고 있다는 데서 오는 깊은 분노와 절망 때문이다.

지금 한국 사회는 하나의 중대한 기로에 놓여 있다. 경제적으로는 맹목적 시장경제 숭배, 사회적으로는 승자독식의 야만적 경쟁 논리, 정치적으로는 독선과 음모가 지배하는 개발독재 사회의 길과 공동체 구성원들의 따뜻한 연대와 소통, 그리고 상호부조의 공동체 정신에 기초한 성숙한 민주사회의 길 사이에서 어떤 길로 방향을 잡는가에 따라 대한민국이 진정 사람이 살 만한 품위 있는 사회가 되는가 아니면 신자유주의의 불행한 디스토피아로 전락하는가가 결정될 것이다.

이에 우리는 민주공화국의 헌법정신을 군건하게 정초시킨 6·10민주항쟁 22주년을 맞이하며 민주 사회의 정신적 근간을 지켜야 할 지식인이자 미래 사회의 동량들을 가르치는 교육자로서의 자세를 다시금 가다듬으며 현 이명박 정권에 대하여 다음과 같이 요구하고자 한다.

一. 지난 1년여의 독선적이고 반민주적인 통치 행태를 즉각 중단하고 그간 그로 인해 피해를 입은 국민들에게 진정한 용서를 구하라.

一. 정권 내외부의 민주적 소통과 합의를 저해하는 요소들을 과감히 척결하기 위한 청와대, 내각, 여당 전반에 걸치는 인사개혁을 단행하라.

一. 집시법 개악, 미디어 관련법 개악 등 언론, 집회, 결사, 표현의 자유에 역행하는 모든 정책의 시행과 법안 개폐의 시도를 즉각 중단하라.

一. 당면한 위기를 극복하기 위한 시민 사회와의 대화와 소통의 통로를 마련하고 이를 지속할 사회적 합의기구를 구성하라.

2009년 6월 10일. 뜻을 같이하는 인하대 교수 73인 일동

지난 일요일 결혼 20주년을 맞은 막내 처남 내외가 런던에 왔다. 아내와 내가 결혼하던 당시 고등학생이던 막내 처남이 서울대 치과대학에 합격했다는 소식을 듣고 축하해 주던 것이 바로 엊그제 같은데, 벌써 성가를 해서 20년이란 세월이 흘렀다.

처남 서병무 교수는 1982학번으로 대학 시절 동기동창인 곽난희 원장을 만나 아들 하나를 두었다. '내리 사랑'이란 말처럼 안사람은 어릴 때부터 막내 처남을 몹시 귀여워했고, 나도 같이 대학에서 연구와 교육의 길에 들어선 막내 처남을 매우 아껴왔다. 동기상감(同氣相感), 동성상응(同聲相應)이 어서일까. 막내 처남 내외는 우리들과 만나 이야기하기를 좋아하여 몇 년 전에는 자락서당의 실크로드 답사에도 참여하여 돈황, 우르무치, 트루판을 같이 여행하기도 했다.

작년 7월 6일 한국을 떠나 영국으로 건너올 때 무거운 가방을 인천공항까지 차로 실어 준 막내 처남에게 나는 결혼 20주년 기념여행을 영국으로 오라고 권했다. 처남은 정말로 학교에서 2주간의 여름 휴가를 얻고, 처남댁은 병원의 진료일정을 조정해서 런던 체싱턴의 우리 집에 온 것이다.

막내 처남 내외는 서울대 치대에서 같이 공부하여 둘 다 치의학박사 학위를 취득한 후 모교 교수와 치과 원장이 되었으니, 윤병언 선생의 표현대로 '선남선녀, 샘나는 커플'이라고 할 수 있을지 모르겠다. 그러나 내가 이 커플을 아끼는 것은 이런 객관적인 성취보다 그들의 격조 있는 삶의 방식과 따뜻한 마음씨 때문이다.

막내 처남 내외는 한창 바쁠 때인 30대에도 경기도 곤지암에 있는 성분도직업재활원의 원생을 위해 무료 진료를 함께 했고, 근년 들어 처남은 한국얼굴기형후원회의 핵심 일원으로 방학 때마다 베트남, 에티오피아, 케냐, 인도, 파키스탄, 이집트, 연변 등 의료 혜택을 잘 받지 못하는 지구촌의 오지를 순방하며 언청이 수술과 치과 진료 봉사를 꾸준히 해 오고 있다. 내가 영국으로 온 후에도 처남은 제3세계 지역에 대한 진료를 계속하여, 지난 겨울 방학 때는 10여 명의 의사, 수련의, 간호사를 이끈 진료단장으로서 키르기스스탄에 무료 진료를 다녀왔다고 한다.

우리의 지식과 기술은 스승으로부터 배운 것이고 우리의 직위와 역할은 사회가 부여한 것이지만, 자기의 지식을 인간다운 세상의 건설을 위해 사용하고 전문적 기술을 사회봉사를 위해 활용하는 것이 말처럼 쉬운 것은 아니다. 그런데 우리 막내 처남은 자기의 지식과 의술을 어려운 지구촌 이웃들을 위해 활용하고 있으니 얼마나 대견한 일인가. 마찬가지로 지구촌의 의료 사각지대를 찾아다니며 행하는 막내 처남의 이러한 치과 봉사 활동은 인간에 대한 따뜻한 애정에서 비롯된 인술(仁術)로 참으로 교양 있는 행동이라 하지 않을 수 없다. 그리고 이렇게 서 교수가 지속적인 봉사 활동을 할 수 있도록 도우면서, 정인이를 잘 키우고 주말에는 미술관에 나가 도슨트 봉사 활동을 하는 처남댁의 모습도 정말 보기좋다.

해치랜드 전원에서 서병무
교수 내외

이렇게 우리가 아끼고 사랑하는 막내 처남 부부가 귀한 시간을 내 일부러 런던에 왔는데 대접을 소홀히 할 수 있겠는가. 런던에 살고 있는 우리 가족 세 사람은 1년 동안 영국에 살면서 얻은 각자의 정보를 종합, 정리하여 처남 내외에게 추억에 길이 남을 일주일이 되도록 영국의 명소들을 선택하고 집중해서 안내했다.

월요일에는 셰익스피어 생가가 있는 스트랫퍼드 어폰 에이번과 아름다운 코츠월드 마을을 구경했다. 돌아오는 길에 옥스퍼드 대학의 크라이스트처치 칼리지와 보들리안 도서관을 둘러보았고, 화요일에는 런던 북쪽의 아기자기한 소읍 세인트 알반과 헨리 무어의 조각품을 전시한 페리그린을 탐방했다. 수요일에는 해치랜드 하우스에서 개최된 실내음악회에 참석하고 드넓은 전원을 산책한 후, 저녁에는 연재훈 교수 내외와 신욱희 교수 내외를 초청해서 우리 집 정원에서 바비큐 파티를 벌였다. 수요일까지 교외를 돌아보고, 목요일과 금요일에는 런던 시내 구경을 나갔다. 목요일에는 둘째 원이가 그림 감상을 좋아하는 외숙모와 외삼촌을 모시고 테이트 브리튼과 테이트 모던을 안내한 후 템스 강에서 배를 타고 그리니치를 다녀왔다. 금요일에는 서머싯 하우스에 있는 코톨드 미술관의 인상파 미술 작품과 대영박물관의 퍼시벌 데이비드 컬렉션을 감상한 후 트라팔가 광장에 가서 내셔널 갤러리와 내셔널 포트레이트 갤러리를 둘러보고, 행거포드 다리를 건너며 템스 강변의 정취를 맛보았다.

런던 생활의 마지막 손님이 된 처남 내외는 이렇게 일주일간의 '영국 핵심 여행'을 한 후, 오늘 오전 유로스타를 타고 첫째 연이가 살고 있는 파리로 떠났다. 지난해(2008) 7월 런던에 온 우리도 이제 다음 주 수요일인 (2009) 7월 1일에 파리로 가서 유럽을 둘러보고, 8월 10일 날 귀국을 한다.

만나면 헤어지고, 오면 가야 하는 것이 인생사가 아니던가.

영국이 자랑하는 현대 미술관 테이트 모던은 특별 전시를 제외하고 무료로 관람할 수 있다. 이곳은 1년 내내 현대 미술을 관람하는 사람들로 붐빈다.

김영 교수의 영국 문화기행

김영 지음

초판 1쇄 인쇄 · 2010. 4. 6.
초판 1쇄 발행 · 2010. 4. 12.

발행인 · 이상용 이성훈
발행처 · 청아출판사

출판등록 · 1979. 11. 13. 제9-84호

경기도 파주시 교하읍 문발리 출판문화정보산업단지 507-7
대표전화 · 031-955-6031 편집부 · 031-955-6032 팩시밀리 · 031-955-6036

ISBN 978-89-368-0407-7   03980

홈페이지 · www.chungabook.co.kr
E-mail · chunga@chungabook.co.kr

＊ 값은 뒤표지에 있습니다.
＊ 잘못된 책은 구입한 서점에서 바꾸어 드립니다.